科研信息化导论

陈明奇 等 著

科 学 出 版 社
北 京

内 容 简 介

科研信息化是提升国家创新能力和国际竞争力的关键，是科技现代化的必经之路，我国在2016年正式将科研信息化纳入国家信息化总体发展战略。本书首先概述科研信息化的概念及其随时代发展而不断变化的内涵与外延，阐述科研范式的变革、科研信息化的演进以及新型科研创新单元的产生发展；随后，通过梳理国内外科研信息化发展的战略规划、项目部署与行动实践，以及科研信息化在不同学科领域、各行各业、各顶尖科研机构的具体应用情况，分析科研信息化发展的主要方向；最后，总结中国科研信息化当前发展的新态势、面临的新挑战与新机遇，并对中国科研信息化的未来发展进行展望。

本书适合国家和地方政府信息化战略决策者、科研信息化战略专家、企事业单位首席信息官、高校和科研机构科研信息化一线工作人员、企事业单位和学术研究机构信息化管理运维人员阅读。

图书在版编目（CIP）数据

科研信息化导论／陈明奇等著. —北京：科学出版社，2021.11

ISBN 978-7-03-070351-4

Ⅰ. ①科… Ⅱ. ①陈… Ⅲ. ①科学研究工作-信息化-研究-中国Ⅳ. ①G322

中国版本图书馆CIP数据核字（2021）第221852号

责任编辑：孙伯元／责任校对：王 瑞

责任印制：吴兆东／封面设计：蓝 正

科学出版社 出版

北京东黄城根北街16号

邮政编码：100717

http://www.sciencep.com

北京中石油彩色印刷有限责任公司 印刷

科学出版社发行 各地新华书店经销

*

2021年11月第 一 版 开本：720×1000 1/16

2022年 8 月第二次印刷 印张：13 3/4

字数：254 000

定价：98.00元

（如有印装质量问题，我社负责调换）

编写组成员

主编： 陈明奇

成员： 房俊民　张　娟　唐　川　田倩飞　徐　婧
王立娜　洪学海　王卷乐　齐法制　汪　洋
褚大伟　郑晓欢　王熙博

序　一

科学研究是人类深入认识客观世界的手段，是现代经济社会发展的基础。现代科学研究范围，包括寻求宇宙起源、认识宇宙尺度的宏观世界；研究地球环境、保护人类家园的常观世界；探索物质基本结构、了解基本粒子的微观世界；探索生命之谜、认识人类自身的生命世界。围绕科学问题，科学家应用各种科学研究手段和工具，不断产生新的科学发现，也促进了人类社会发展。

进入 21 世纪，人类面临经济社会发展的一系列重大命题，这对科学研究提出了前所未有的紧迫需求。我国已经成为世界上第二大经济体，如何发挥科技第一生产力作用，运用科技的力量实现国家的可持续发展，是科技界必须解答的问题。

科研信息化是解决上述问题的重要举措。科研信息化是信息化的科研模式，是科研现代化的重要途径，也是科学方法发展的必然方向。基于大数据的数据密集型科学研究，是科研信息化的典型范式。以“数字地球”为例，科学大数据为该学科的发展注入了新的科学推动力。“数字地球”概念始于 1998 年，通过航天航空对地观测技术、计算机网络通信技术与地球科学技术等高度综合集成，模拟地球发展、支持政府决策、实现科学发现等重大目标。在这一领域，中国一直走在世界前列。1999 年 11 月，中国科学院联合 19 个部委和国际机构召开了首届数字地球国际会议，来自 26 个国家和地区的 500 余名代表出席，发表了著名的“数字地球北京宣言”，并决定每奇数年举办一次“国际数字地球会议”。2006 年起，每偶数年增办“数字地球高峰会议”系列。也是在 2006 年，“国际数字地球学会”在北京成立，这是为数不多的总部设在中国的国际学术组织。2012 年，《美国国家科学院院刊》发表了《我们的新一代数字地球》文章。该文面向 2020 数字地球发展理念，提出了大数据时代数字地球面临的挑战与机遇，赋予了数字地球新的理解和诠释，标志着大数据开启了新一代数字地球的序幕。十余年前，我们曾将数字地球通俗地解释为“把地球装入计算机”，而在当今大数据时代，可以认为数字地球就是地球大数据。我们可在数字地球平台上对于海量空间数据和社会经济数据进行高效地组织，从而在精简的数据空间中进行科学信息挖掘和分析。

中国科学院正在开展科研信息化和科学大数据研究的实践。如正在进行的中国科学院 A 类战略性先导科技专项“地球大数据科学工程”，其所研究的地球大数据是一种典型的科学大数据，是具有空间属性的地球科学大数据。“地球大数据科学工程”专项力求突破超大规模跨域分布式资源技术瓶颈问题，有效推动地球大数据技术创新、聚合多时空数据管理与关联融合，以及问题导向数据挖掘与分析，以实现只要有终端和互联网，任何人在任何地点都可以享受到地球大数据提供的多样服务的目标，达到重大科学发现和一站式全方位宏观决策支持服务的目的。基于上述实践认识，2018 年我们提出了科学大数据是国家大数据战略的基石这一论断，并发表于《中国科学院院刊》，得到了广泛共识。

科研信息化是我国建设世界科技强国的重要支撑，为实现新时期我国科技创新战略任务，中国科技工作者要把握科学发展规律，主动应用最新的技术，特别是科研信息化手段，来改变研究的传统模式，实现科学研究的信息化，促进重大科学发现，提高科学研究的效率和水平，加快科学研究成果的转化，加速使科学研究更好地适应科学本身发展的需要，更好服务国家“两个一百年”的战略目标实现。

郭华东
中国科学院院士

序　二

21 世纪以来，科研信息化正在引发科学与工程研究的新革命。科研信息化正在极大地改变和拓展传统研究方法，推动着新兴学科领域的产生，对当代科学、技术发展与前沿开拓起着不可替代的作用。

首先，科研信息化是抢占科技创新制高点的重要手段和载体。“工欲善其事，必先利其器”。当前，以高速互联网、高性能计算机、海量科学数据等为代表的科研信息化基础设施环境已经成为当代科学研究必然的投入要素。在一定意义上说，没有这些信息化基础条件的支持，当今的科学研究活动几乎无法开展，科学发现几乎难以实现。例如，2016 年科技界的热点“引力波”研究，涉及最前沿的理论物理研究，而基于高性能计算的海量数据分析等科研信息化手段在其突破研究中发挥了不可替代的助力作用。

其次，科研信息化是提升我国科技创新能力，加快创新发展的重要保障。我国在近年来已部署了一批国家重大科技计划和重大科学研究计划，这些科学研究将产生海量的科学数据，对科学数据的高效处理、仿真模拟、可视化提出了极大的需求。科研信息化基础设施不仅将为这些科学研究提供重要支撑，还将通过“数据驱动科学发现”的理念不断推动交叉前沿研究向前发展。当下，我国在科学计算能力方面已经处于国际先进水平，应充分利用“数据密集型科研”为代表的新科研模式转变，充分利用人工智能、大数据、5G、物联网等先进信息技术，全面支持我国科技创新活动，这将大大提高我国科技创新能力和科技竞争力。

再者，科研信息化加速了我国科研活动与国际科研活动的接轨。从 1989 年中国科学院启动世界银行贷款项目“中国国家计算与网络设施”项目，到 1994 年 4 月 20 日，在中国科学院计算机网络信息中心 2 号楼机房，中国全功能接入国际互联网，直到今天，中国科研全方位和世界接轨，这其中，以互联网为代表的科研信息化功不可没。2020 年 1 月，新型冠状病毒肺炎疫情发生后，中科院微生物国家科学数据中心于 1 月 24 日授权发布“新型冠状病毒国家科技资源服务系统”，及时动态发布新型冠状病毒相关科技资源和科学数据的权威信息，10天内网站总访问量达到619万人次。

科研信息化是新一轮科技革命的显著特征和驱动引擎，能够实现科研范式的转变，促进科技创新能力的提升，促进新的科学方法、新兴学科的产生。抓住科研信息化这一机遇，将会极大促进我国在新一轮科技革命中实现创新跨越的历史机遇。

习近平总书记2020年9月11日在科学家座谈会上提出“坚持面向世界科技前沿、面向经济主战场、面向国家重大需求、面向人民生命健康”的科技发展方向。我们要牢牢抓住信息化为中华民族带来的千载难逢的机遇，打造以“中国科技云”为代表的国际领先科研信息化基础设施，有力支撑国家科技创新战略，助力产生具有世界领先水平的重大科学发现与科技突破。

廖方宇
中国科学院计算机网络信息中心党委书记，研究员

前　言

科研信息化是信息化向科研领域不断渗透的必然结果。经过十多年的摸索和实践，我国科研工作者对科研信息化有了较深刻的理解。科研信息化的过程就是利用互联网、超级计算机、科学数据等信息化基础设施和信息技术，促进科技资源交流、汇集与共享，提高传统科研活动的效率、催生新的科研模式的过程。

科研信息化涵盖科技创新所有环节的信息化，其主体是科研人员，客体是科研信息化基础设施，主要包括高速网络、超级计算机、科学数据环境、大科学装置，也包括野外台站、图书文献、科学数据、标本以及科研软件等。

科研信息化是科学研究走向现代化的必由之路。在当前的信息化、网络化、知识化、全球化时代，科研信息化促进了信息技术在各个学科领域的渗透，推动了各学科之间的交叉融合和发展，大大缩短了科研成果转化为工业产品的过程，日益显示出对科研、教育、经济和社会发展的重要战略意义。

当代的信息革命起源于一系列科学和技术革命所引起的生产力的巨大变革和发展，信息革命也引发了新一轮的科学革命和技术革命，开启科学与工程研究的信息化历程。

伴随着人类历史发展，科学研究在手段和方式上也经历了四次范式革命。数千年前，科学研究是基于经验和实验科学的，研究方式是以描述自然现象为主的实验归纳(第一范式)；近几百年，出现了以牛顿运动定律、麦克斯韦方程等为主导的基于理论推导的研究方式(第二范式)；近几十年，出现了以模拟复杂现象(如分子动力学模拟、药物分子设计等)为主导的基于模拟仿真（第三范式）的研究方式；今天，科学研究将向科研信息化(第四范式)新模式转变，主要体现在：利用各种现代仪器获取或模拟产生海量或长期数据，利用计算机存储数据，利用数据挖掘和统计工具分析并利用数据。

就像显微镜的发明打开了微观世界的大门，天文望远镜把人们的视野引向广袤的宇宙一样，进入 21 世纪以来，科研信息化正在引发科学与工程研究的新革命。信息化时代的科研新模式，不仅意味着新的科研模式、科研思维的不断涌现，而且意味着科研手段和方法、科研机构组织、科研项目管理、科研人才培养、科研绩效评价等方面的重大转变。人类科技创新的环境和科学研究的模式，都在发生前所未有的变化，科研信息化正在极大地改变和拓展传统研究方法，推动着新兴学科领域的产生，对当代科学和技术发展与前沿开拓起着不可替代的作用。

我们认为，科研信息化的重大意义在于以下三个方面。

一是科研信息化是迈向新一轮科技革命的必经之途。当今世界科技正处于新一轮革命性变革的拂晓，一些重要的科技领域发生革命性突破的先兆已经初显端倪。当代科学与工程问题的空前复杂性，使得计算科学与工程已成为与理论分析、实验观察相并立的科研手段。多学科交叉的科技发展对宽带网络、超级计算、海量数据存储及处理等信息化基础设施的需求日益突出，信息化基础设施对科技创新的作用也越发重要。同时，随着高性能计算机、数据存储技术、高效能计算方法、可视化技术和成熟的模拟仿真软件等的发展，人类在各类活动中产生了海量数据，对未来各类活动和过程的模拟、预测，达到了前所未有的境界和高度，当代科技进入了“大数据”驱动时代。

二是科研信息化是实现我国科技现代化的必由之路。现代科技问题越来越复杂、科研领域分工越来越精细、工程规模越来越庞大、科研数据越来越海量，这些现象对传统科研方法和科研手段提出了新的挑战。面对科研第四范式和第六次科技革命的浪潮，面对国家战略性新兴产业的发展需求，“单打独斗”式的科研模式已落伍于协同创新的需要。科研信息化的发展为重大科学领域开展全局性、全国性、全球性合作提供了可能。依托科研信息化，可实现创新链条中科技数据、技术、设施、资源、成果、人才等各类创新资源的开放共享与无缝整合，增强人们的科技创新能力和协同创新能力，并加速我国科技创新活动与国际科技创新活动的接轨和协同。只有积极探索与新形势相适应的科技创新模式，努力打造科研信息化这一科技创新的“助推器”，才能加快推动科研信息化的发展，大力提升国家科技竞争实力，努力开创一条新的科技现代化之路。

三是科研信息化是数字经济和网络强国的先导。信息化生产力的本质特点是以信息资源、数据资源等为主体，有别于传统生产力以物质资源、能量资源等为主体。科学技术是第一生产力，信息化与科研活动的良好结合将加快全社会生产力的升级改造，具有很好的“加速器”作用。在整个国家信息化建设和发展中，科研信息化将起着“领头羊”“火车头”的先导、示范、引领作用，科研信息化将催生信息化相关行业和产业的发展，推动信息化向高端发展，带动数字经济和人工智能产业等新兴经济形式的发展。它的发展将带动各行各业信息化的发展，它的稳步推进将加速各行各业以及整个国家经济社会的发展，是提高国家科技竞争力、建设创新型国家的战略力量。

总而言之，科研信息化是新一轮科技革命的引擎和显著特征。面对方兴未艾的信息化浪潮和日益激烈的科技竞争，如果忽视科研信息化，我们不仅会面临信息化不进则退的可能，而且将在新一轮科技革命中错失难得的实现创新跨越的历史机遇。

近年来，我国对科研信息化的发展愈发重视，国家“十三五”信息化发展纲要中提出“加快发展科研信息化”，科研信息化发展进入了新时期。然而，目前还国内还缺少科研信息化方面的书籍。本书对科研信息化概念及其演进变迁进行了概览，通过梳理国内外十年来科研信息化发展的战略规划、项目部署和在学科领域的具体应用，分析了科研信息化发展的主要方向，并对中国科研信息化的未来发展进行展望。编写组希望通过本书为我国科研信息化专家及相关工作人员提供参考，为各学科信息化发展提供有益借鉴，为推动我国科研信息化发展起到绵薄之力！

本书涉及领域宽广，发展快速，新兴趋势层出不穷。受知识面、时间与精力所限，不足之处在所难免，恳请广大读者批评指正！

目　　录

第 1 章　科研信息化的发展与演进

1.1　科研信息化的概念与内涵

随着人类对客观世界的探索与认识不断向新的深度和广度拓展,现代科学研究无论从微观还是从宏观上都向着更深更广的范围发展。传统的观测实验、理论分析的科研手段在面对很多复杂问题时已经显得无能为力，研究人员迫切需要能对大规模数据进行处理分析、计算模拟和仿真的新的科研方法。随着计算机网络和网格技术的迅猛发展，通信和计算机技术已成为目前科学研究活动的必备手段,对科研信息和科研设备的共享与交流也变得前所未有的重要。分布于世界各地的大型研究团队利用先进的信息技术进行资源共享和协作研究，也更为强调研究人员之间跨单位、跨地域、跨国家、跨学科、跨领域的合作与交流。科研信息化在此形势下应运而生(孙坦，2009)。

1.1.1　e-Science：科研信息化的兴起

1. 英国率先提出 e-Science 的概念

科研信息化最早得名于 e-Science。而 e-Science 的概念最早是在 1999 年由当时英国科技办公室(Office of Science and Technology，OST)主任约翰 · 泰勒(John Talyor)提出的。他认为，e-Science 就是在重要科学领域的全球化合作，以及为此提供支撑的下一代基础设施。随后，英国 e-Science 特使马尔科姆 · 艾特金森(Malcolm Atkinson)提出，e-Science 是指利用先进计算思维研究方法的系统性发展。这些研究方法可使研究人员通过自己的桌面计算机访问广泛分布在各处计算机上的资源，以进行新的研究。这里提到的资源和泰勒所说的基础设施是一个范畴，包括大规模数据集、超级计算或高性能计算资源、高速网络、网格(grid)、共享实验设备等。

2. 从 e-Science 到 e-Research

随着科研信息化的发展与演进，其概念也逐步扩展。例如，澳大利亚就将科研信息化称为 e-Research。e-Research 一词进一步扩展了 e-Science

的概念，将后者的范围扩展至包括人类学和社会科学在内的所有研究领域。e-Research 旨在开发并使用信息技术支持现有和新兴的研究，其主要特点是协作、数据密集、使用网格计算技术。e-Research 包括使用先进信息通信技术的所有研究活动，也包括从网络、服务和工具中发展起来的新兴研究方法论。随着信息技术、高速网络和在线设备的发展，e-Research 的概念和 e-Science 的概念逐步融合。

3. 对 e-Science 的一些片面理解

在 e-Science 的发展过程中，对于如何推进 e-Science，也曾存在一些片面的理解。一种认识是将 e-Science 等同于企业资源规划(enterprise resource planning，ERP)，可建立一个能把各种科研活动纳入其中的信息系统。事实上，e-Science 包括支持科研活动的各种信息化手段，而科研活动具有多样性和过程复杂性，不是一个类似的系统可以进行规范和支持的。但是，科研活动的管理是可以建立类似系统的。

另一种认识是把 e-Science 简单地当成“网络化的科学研究”。网络化固然是 e-Science 的重要特征，但 e-Science 涵盖的内容却要多出很多。一方面，e-Science 要求支持科研的基本手段的信息化，另一方面，e-Science 应能为当时正在兴起的虚拟科研组织提供支持与各种信息服务。还有一种片面认知，认为 e-Science 就是以超级计算中心为节点的网格环境。超级计算中心是科研信息化最重要的基础设施之一，能够支持大量科研工作者的高端计算需求，但是 e-Science 还包括其他各种支持科研活动的信息化手段，有着更为广泛的内涵(桂文庄，2009b)。

1.1.2 我国对科研信息化的认识

e-Science 的实质是“科学研究的信息化”，是信息时代中科研环境和科研活动的典型体现。科研活动的信息化是中国科学院(简称“中科院”)信息化的核心。它包括两个基本方面：信息化基础设施和信息化的科研活动。信息化基础设施包括网络、高性能计算(high performance computing, HPC)、科学数据库和数据存储管理设施等服务于科研的基础信息化设施；也包括数字化科研装置、仪器等科研工作者获取数据的基本工具；还包括基于这些设施的应用软件、中间件、工具和服务；此外包括标准、规范、制度、政策、法规以及人才培养等软环境。科研活动信息化针对各领域科研活动的具体需求，在基础资源共享和协同工作的前提下，建立起与之相适应的信息化设施、装备、工具、系统和工作环境(桂文庄，2009a)。

中科院在“十一五”信息化规划研究时提出了 e-Science 模型。其最底层是宽带网络，它支撑一切基于网络的科研信息流动。其上是主要的科研信息化基础设施，包括数字图书馆、科学数据中心和超级计算中心，它们是支持各类科研活动的共用技术设施，并向用户提供应用公共资源的接口。在其上是各类信息化的科研活动设施和工具、方法，包括大型科学装置、实验室仪器设备、野外观测台站、数字标本馆、移动数字终端等，它们直接服务于各自领域的科研活动。虚拟实验室提供基于网络和所有这些资源的应用环境，为虚拟科研组织或团队的科研活动提供支持与服务，是科研工作者与科研设施间的信息化界面。

1.1.3　新时代科研信息化的内涵与外延

如果抛开信息技术工具论的观点，从信息生产力改造世界的生产关系的角度来分析，科研信息化的本质内涵就是科研生产关系的信息化，是信息生产力在科学生产活动中的实践和应用。新时代的科研信息化是科学研究的对象、工具、环境与活动过程及科研人的信息化。科研信息化对加速原始科技创新，扩大企业协同创新，培育万众群智创新至关重要，其外延即是上述三类创新的主体、对象、工具、环境与活动过程的信息化。

从生产要素来看，科研信息化包括三要素，即劳动者，掌握信息技术和信息化方法的新一代创新者；劳动对象，泛化的物质世界和抽象的虚拟空间及数理空间；劳动工具，实现科研数据从获取、传输、存储、处理到应用的信息工具，包括各类自动化、智能化的软件系统、硬件系统及其构成的平台环境。

从创新主体来看，科研信息化推动了以传统科研院所为主体的学术活动和科研范式的变革。各学科领域不同程度与信息化再融合，出现了新的科研模式。科研信息化使跨领域、网络化的产业协同创新成为可能，使企业创新主体不断释放科技创新力，成为产业链创新的重要载体和国家创新体系的关键要素。科研信息化实现了生产组织方式的去中心化和网络化，将创新主体从研究型大学、科研院所、大型企业延伸至个人，开启大众创业、万众创新时代。

从发展历程来看，科研信息化的发展经历了三个阶段。第一阶段是“工具阶段”，提供纯粹信息技术工具。其主要特征是，科研工作者个体将最新的电子、信息技术等工具应用到自己的研究对象、研究工具和方法中。第二阶段是“环境阶段”，提供更好的信息服务环境。其主要特征是，出现全球性的科研创新网络，引发更加激烈的全球科技竞争。第三阶段是“一体化阶段”，科研对象、过程融为一体。其主要特征是，所有创新主体，必须参与全球科研竞争与协作的大环境，同时创新方法、创新对象、创新模式等方面也将高度依赖物联网、移动互联网、大容量宽带通信、大数据、智能计算等技术工具和协同环境。

从生产活动规律来看，经济学的“长尾理论”同样适用于科研信息化。科研信息化，一方面必须重点建设公共科研信息化基础设施，这类基础设施服务面广、价值高，可满足大多数科研人员及创新主体的主要需求；另一方面，也需要大力建设面向学科领域的特色科研信息化应用，这类应用，可充分发挥现代信息技术对差异化、多样化、个性化需求的支撑作用，满足学科种类众多、科研手段千差万别的科研创新工作的实际需求，这类特色应用服务面小，对该领域科研和创新主体价值高，但其他领域较难直接应用。

1.1.4　科研信息化理论与实践模型

对于科研信息化的认识，基于中科院近 20 年来持续的理论探讨和实践探索，本书认为，科研信息化是基于先进的信息化基础设施，充分利用“互联网+”“计算技术+”“智能+”，以及云计算、大数据等新一代信息技术，促进科技资源交流汇集与开放共享，提高科研活动效率、催生新的科研范式的过程。

通过长期的探索，本书总结了众多科研信息化的理念与实践经验，提出了规范的科研信息化理论与实践模型，如图 1-1 所示。

科研信息化理论与实践模型主要包括三个维度：科研信息化要素维度、学科领域维度以及科研范式维度。

科研信息化要素维度。首先是先进的科研信息化基础设施，涵盖硬件、软件和科研资源等投入要素。包括科研高速网络、超级计算机、科学数据存储等；其次是信息化科研要素，包括科研文献、科学仪器、重大科技基础设施、科学数据及野外台站、标本模型等；再者，是科研基础软件，包括工具软件及算法、模型等；最后，是各学科领域的科研应用，是具备支持特定学科领域全周期科研需求的科研信息化平台或系统。这些要素当中还包括各类科研管理的要素。

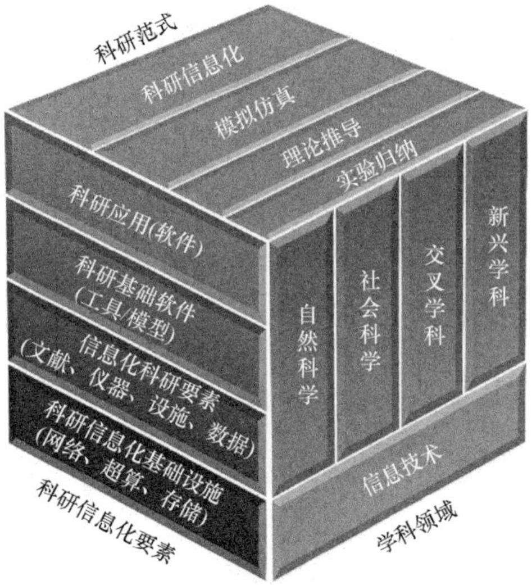

图 1-1　科研信息化理论与实践模型

学科领域维度。信息技术在向学科渗透发展过程中，可以分为四类情况。一是传统的自然科学，如数学、物理、化学、天文、地学、生物等。二是传统的社会科学，如历史、文学、哲学、社会、统计、经济、法律等。三是信息技术和传统学科交叉而产生的交叉学科，往往是计算或者信息学与传统学科的结合，通过构建新模型和算法，实现挖掘新规律或者发现新知识。例如生物信息学(bioinformatics)、计算化学(computational chemistry)、社会信息学(social-informatics)等。四是新兴学科，包括计算机、人工智能(artificial intelligence, AI)、网络空间安全、数据科学等，多数是由信息技术应用以及科研信息化应用而产生的新兴学科。根据 2014 年对中科院二十多个自然学科和社会学科的调研可知，各领域不同学科的科研信息化程度有差异，呈现高度融合型、适度融合型、应用结合型、松散耦合型等规律性模式特征(王卷乐等，2017)。因此，学科科研信息化程度和诸多因素相关，主要是取决于信息化技术和相应领域学科融合的情况，取决于学科研究对象的信息化程度，也取决于学科人才队伍情况及开放共享文化氛围。

科研范式维度。主要是四种范式，以描述自然现象的实验归纳为主的第一范式，以研究自然规律的理论推导为主的第二范式，以对复杂现象的模拟仿真为主的第三范式，基于科研信息化基础要素，开展定量科学研究的科研信息化范式，也就是第四范式。表 1-1 总结了各类范式的主要特征、典型研究方法(工具)以及代表性案例。

表 1-1　四类科研范式及其实例

科研范式	主要特征	典型研究方法或工具	代表性案例
实验归纳	数千年前： 实验法可以追溯到古希腊和中国古代，人们尝试通过观测和实验来解释自然现象，也称为经验范式	初等数学； 实验观测(比萨斜塔实验、浑天仪等)	勾股定律/毕达哥拉斯定律； 指南针、火药； 单摆机械钟
理论推导	17 世纪： 现代理论科学起源于 17 世纪的艾萨克·牛顿，以建模和归纳为基础，是对某种经验现象或事实的科学解说和系统解释	高等数学体系	牛顿三大定律； 麦克斯韦方程； 量子力学； 相对论
模拟仿真	20 世纪中叶： 高性能计算机问世之后，可通过计算和模拟解决过于复杂的理论问题，诺贝尔奖得主肯尼思·威尔逊(Kenneth Wilson)把计算模拟确立为科学研究的第三范式	电子计算机； 大型风洞	现代飞机制造； 核反应模拟； 新型材料制造
科研信息化	20 世纪末、21 世纪： 1999 年英国约翰·泰勒提出的 e-Science； 2009 年图灵奖获得者吉姆·格雷(Jim Gray)提出大数据时代的数据密集型的科研第四范式	科研信息化基础设施，包括高速科研网络、大规模超级计算机、大科学装置等； 数据本身成为研究对象	2013 年诺贝尔化学奖； 全球天气预测； 宇宙演化分析

科研信息化是新一轮科技革命的引擎和显著特征，已经被无数的科研信息化实践证实。面对方兴未艾的信息化、智能化浪潮和日益激烈的大国科技竞争，必须高度前瞻科研信息化的历史使命，变革我国科研和创新组织及活动模式，大幅度提升我国科技创新能力，切实支撑国家创新驱动发展战略。

“没有革命的理论，就没有革命的行动”。科研信息化的发展，也同样必须要有理论指导。本书研讨提出科研信息化理论与实践模型，希望能够为科研信息化发展提供总体参考，明晰科研信息化发展的战略方向及重点领域，推动当前我国科研信息化发展中诸多问题的逐步解决，促进我国科研信息化的跨越式发展，成为新时期国家创新发展生态的重要组成部分。

1.2　科研信息化发展与科研范式变迁

1.2.1　科研信息化的“代际变迁”

科研信息化深受信息技术发展的影响，从信息技术发展的规律中，我们可以一窥科研信息化的发展规律。信息技术的发展大致可以划分为三个阶段。第一阶段以 1985 年以前广泛使用的大型机、中型机、小型机和简易终端为标志，这些机器被认为是第一代信息技术平台；20 世纪 80 年代中期到 21 世纪初，个人计算机、互联网和通过网络连接的分散式服务器的普及，标志着第二代信息技术服务平台阶段的开始；近十年来，物联网、云计算、大数据和移动互联网等新兴信息技术的快速发展，促成了当前的第三代信息技术服务平台的形成和进步。除了单一信息技术自身的纵向升级外，更重要的是信息技术与产业的融合，大力推动了信息技术服务平台的整体代际变迁。

信息技术正在快速进入“大智移云物”时代，科研信息化也随之发生着代际变迁。科研信息化从为科研活动提供有效的工具与环境，逐步演进为和科研对象、科研过程融合为一体，成为新时代科研活动的重要组成部分。科研信息化的演进与计算模式和软件模式的发展息息相关。根据 IBM 公司前首席执行官路易斯・格斯特纳(Louis Gerstner)的看法，计算模式每隔 15 年发生一次变革，经历了从分布式到集中式再到分布式的变革。软件技术和产品则大致每 30 年发生一次模式变革，经历了从垂直分工到水平分工再到端到端设计三个阶段的变化。图 1-2 显示了信息技术与信息化的代际变迁关系。

科研信息化大致每 15～20 年发生一次变革：2000 年以前是第一阶段(科研信息化 1.0)，亦是科学家个人英雄主义阶段，以提供纯粹的信息技术工具为主；第二阶段(科研信息化 2.0)为 2000～2015 年，是网络化的科研协作时代，致力于提供更好的信息服务环境；从 2015 年起科研信息化进入第三阶段，预计会延续到 2030 年，科研信息化 3.0 时代是群体智能时代，未来信息技术工具、方法和程序等将直接融入科研对象、环境和过程中，实现信息化与科研活动的一体化，也迎合了信息技术发展“人-机-物”三元融合的总体趋势。

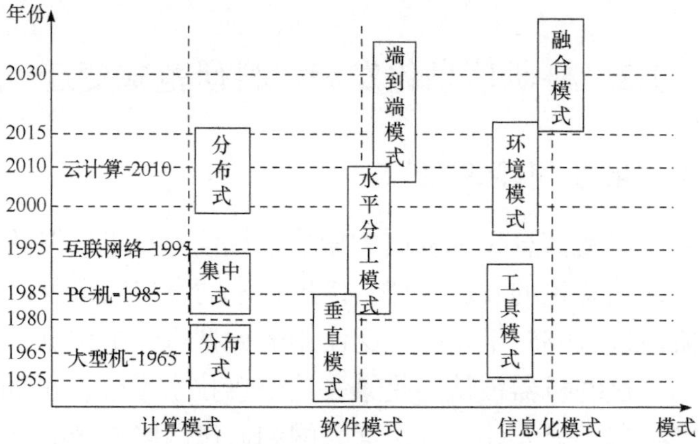

图 1-2　信息技术与信息化的代际变迁关系

1.2.2　科学研究进入第四范式

1. 大数据撼动传统科研模式

工业革命以后，以文字为载体的信息量大约每十年翻一番；1970 年以后，信息量大约每三年就翻一番；如今，全球信息总量每两年就可以翻一番。根据国际数据公司(International Data Corporation，IDC)的统计，2013 年，全球产生的数据总量为 4.4ZByte，如果将这些数据全部记录在书中，这些书可以覆盖整个美国 190 次；如果存储在只读光盘上，这些光盘可以堆成 18 堆，每一堆都可以伸到月球。IDC 公司还预测，到 2020 年全球数据总量将达到 44ZB(IDC，2014)。

人类历史上从未有哪个时代像今天一样产生如此海量的数据。数据的产生已经完全不受时间、地点的限制。大数据开启了一次重大的时代转型，正在改变我们的生活以及理解世界的方式，成为新发明和新服务的源泉。麦肯锡咨询公司在 2011 年 5 月发布的《大数据：创新、竞争和生产力的下一个前沿》报告(Mckinsey，2011)中提出，大数据将成为下一个创新前沿。

大数据时代的到来对科学研究也产生了重大影响。《自然》杂志(Nature，2008)指出，管理过于庞大的数据集需要促使更多的领域转向产业级数据中心和最先进的网络技术。但是数据集仍然变得越来越复杂。以细胞研究为例，研究人员需要收集关于基因组序列、蛋白质序列、蛋白质结构与功能、双分子的相互作用、信号与代谢途径、调节模式等的数据，即使最聪明的科学家也不得不求助各种工具。汹涌的数据洪流正从根本上转变科研人员理解自然的方式，然而科学体制与文化仍然维持着前电子时代的模样。要充分发挥数字化数据的优势，需要创建大量的技术和文化基础设施。科研人员需要以专业的方式记录和管理数据，并获得支持。高校和资助机构则需要提供管理设施、工具与培训。

2. 科研范式的变迁

从狩猎社会到农耕社会，从工业社会到信息社会，人类已经历了数次社会形态的变迁，目前正开始迈入智能社会，而科学研究的方式和手段也在数千年间几经变革。图灵奖得主吉姆·格雷在留给世人的最后一次演讲“科学方法的一次革命”中提出，迄今为止，科学研究的范式经历了四次变迁。

几千年前，科学以实验为主，目的在于描述自然现象及其特征，被称为“实验科学”，即科学的第一范式。随着时间发展，为更精确地描述自然现象，揭示其内在本质，科学家开始尝试简化实验模型，提取关键因素，并通过演算和归纳得出相关理论，如开普勒定律、牛顿三大定律、麦克斯韦方程等。这就是科学研究的第二范式——理论科学。20 世纪中叶，冯·诺依曼提出了现代电子计算机架构，利用电子计算机对复杂现象进行模拟仿真的方法迅速得到普及，计算机仿真开始越来越多地取代实验，成为科研的常规方法。科学研究进入第三范式——计算科学。随着模拟对象越来越复杂，计算仿真生成的数据越来越多，同时实验科学也出现了巨大的数据增长。即使计算机的性能越来越强，单靠模拟与仿真来获取科学发现也逐渐变得力不从心。从计算科学中把数据密集型科学分离出来作为一种全新的科研范式成为必然之举，科研第四范式由此诞生。

3. 数据密集型和计算密集型科学成为新的科研范式

数据密集型科学将之前的理论、实验和计算仿真科学统一了起来，由仪器收集或仿真计算产生数据，由软件处理数据，由计算机存储信息和知识，由科学家通过数据管理和统计方法分析数据和文档。基于大数据的数据密集型科学放弃了对因果关系的追求，进一步强化了以数据为核心的科学方法。我们只需要知道“是什么”，而不需要知道“为什么”。高能物理就是典型的数据密集型学科，“上帝粒子”希格斯玻色子就是从大型强子对撞机每年多达几十拍字节的数据中发现的。再以生命科学领域为例，人类基因组测序带来了数据的指数级增长，而全基因组序列信息的获取可以快速加深人们对生物和进化的研究，加速疾病的精确诊断和治疗。

天文、气象、地学、环境等多个领域也出现了很多同样的研究。数据不再仅是科学研究的结果，而变成科学研究的源泉。若干数据密集型科学领域均需要新的、更先进的跨学科工具和信息化平台，实现海量科学数据的管理与分析，解决复杂科学问题。未来科学研究对计算和数据密集型工作的依赖将日益增加。例如，2015 年 5 月，北京师范大学宇宙中微子数值模拟团队在“天河二号”超级计算机系统上成功完成了 3 万亿粒子数的宇宙中微子和暗物质数值模拟，揭示了宇宙大爆炸 1600 万年之后约 137 亿年的漫长演化进程。正在智利建设的大型综合巡天望远镜(large synoptic survey telescope，LSST)每晚能产生近 1000 万个变源，预计将发现 100 亿个新星系，每年的数据量达到 10PByte，能让几代的研究人员去挖掘数据，发现新的宇宙规律。

为促进数据密集型和计算密集型科研的发展，欧盟网格基础设施组织(European Grid Infrastructure，EGI)于 2015 年 9 月发布战略报告《促进协作数据及计算密集型科学发展》，确定了未来五年的发展策略和关键措施。美国也于 2015 年 7 月提出了国家战略性计算计划 (National Strategic Computing Initiative，NSCI)，以期在未来的科研中保持美国在高性能计算领域的优势和科研创新力，使高性能计算研发与部署最大程度地造福于科学发现。2019 年 11 月，美国政府再次对 NSCI 进行更新，明确要推进计算基础设施和生态系统的发展，开拓数字世界与非数字世界间的新领域，以应对 21 世纪的科学技术挑战和机遇。

1.2.3 学科领域的信息化发展

信息技术的发展引起了科研范式的变迁，科学研究日益成为数据驱动的知识发现活动。信息技术渗透到各个学科领域，其技术、方法和手段被用于学科领域的科研创新，实现了科学数据的收集、存储、分析、可视化，以及知识发现和再发现，同时促进了各学科之间的交叉、融合和发展，大大缩短了从科研到产业化的进程，日益显示出对科研、教育、经济和社会发展的强大渗透力和推动力，也对学科发展产生深远的影响。

自 20 世纪 90 年代以来，以数据分析为主的学科“信息学”就开始蓬勃发展，各个学科领域数据的大量、快速增长，使得每个学科都出现了二元发展的态势——“计算 X 学”(computational-X)与“X 信息学”(X-informatics)。这里“X”代表某一具体学科，如生物学、物理学、材料学等。与计算学科学相比，学科信息学更侧重于对数据生命周期的管理和应用，侧重于对计算方法的发展与应用，从而发现并创造新的科学知识(张志强等，2015)。

学科信息学是学科发展与信息化逐渐融合的产物，既具有明显的学科依赖性，又具有信息科学的一般特征。目前已出现了生物信息学、生态信息学、化学信息学、材料信息学、地理信息学、资源信息学、医学信息学、药物信息学、神经信息学、农业信息学、社会信息学、政策信息学、信息史学等诸多学科，而且新的专门学科信息学还在源源不断地涌现。本节以当前快速发展的生物信息学、天文信息学、化学信息学、材料信息学为例描述学科信息学的发展。

1. 生物信息学

20 世纪后期，生物科学技术迅猛发展，相关数据资源急剧膨胀，迫使人们去寻求一种强有力的工具来组织、存储和分析这些数据，从中发现重要的生物学规律。同时，计算机科学技术和网络技术快速发展并日益渗透到生物科学各个领域，生物信息学在此背景下应运而生。1987 年，林华安正式命名了生物信息学(bioinformatics)这一学科，其概念和内涵随后几经更迭。直至 1995 年，人类基因组计划在其第一个五年总结报告中，给出了一个较为完整的生物信息学的定义：生物信息学是一门交叉科学，包含了生物信息的获取、加工、存储、分配、分析、解释等在内的所有方面，综合运用数学、计算机科学和生物学的各种工具来阐明和理解大量数据所包含的生物学意义(李霞，2010)。生物信息学涉及的主要研究领域包括：序列比对、结构比对、蛋白质结构预测、计算机辅助基因识别(仅指蛋白质编码基因)、非编码区分析和 DNA 语言研究、分子进化和比较基因组学、序列重叠群装配、遗传密码的起源、基于结构的药物设计等。此外，如基因表达谱的分析、代谢网络分析、基因芯片设计和蛋白质组学数据分析等也逐渐成为生物信息学中新兴的重要研究领域(张春霆，2000)。

2. 天文信息学

随着天文观测装置的发展，天文观测数据的积累已达海量，为了更好地访问和处理这些数据和信息，美国约翰斯 · 霍普金斯大学的埃列克斯 · 斯扎雷于 1999 年提出“虚拟天文台”的设想，得到广泛响应。虚拟天文台利用最先进的信息技术将观测数据、天文文献、计算资源、存储资源、软件服务，甚至天文观测设备等各种天文学研究资源，以统一的服务模式无缝汇集在一个逻辑上统一、物理上分布的系统中，为天文学家提供丰富资源和强大的服务，使天文学的研究进入网络化。不过，传统狭义的虚拟天文台只是解决了海量数据获取的难题。大数据时代的天文学研究，还需要更多地在系统性、理论性和方法学方面展开探索，把计算、分析和统计的科学工具应用到天文学的海量数据中以甄别出新的模式和新的发现。天文学需要自身领域的信息科学专家，需要创建新的交叉学科，即天文信息学(astroinformatics)促进其更好的发展。天文信息学将涵盖一系列内在相互关联的领域，包括数据组织、数据描述、天文分类学、天文概念语义、数据挖掘、机器学习、可视化、天文统计学等。其研究内容涉及数据模型、数据转换和归一化方法、索引技术、信息提取和整合方法、知识发现方法、基于内容和基于语境的信息呈现、一致化的语义描述、分类学、天文本体论等，有助于在海量数据环境下开展数据挖掘、信息提取和融合、知识发现(赵永恒等，2011)。

3. 化学信息学

化学信息学是采用计算机科学、信息学方法及技术解决化学问题的一门学科，是涉及化学、数学、计算机科学以及化学应用领域等多学科的交叉学科。其方法和技术可用于解决各个领域中的化学问题，包括分子设计、合成设计/反应预测、结构确定等。分子设计即采用多种技术发现具有特定应用所需特定性质的新化学实体；合成设计/反应预测采用各种方法和技术设计获得某个化合物的合成路线；结构确定包括结构解析和谱图模拟，前者根据一组谱图推断一组候选化合物，后者根据化合物的化学结构获得预测对应的谱图。化学信息学方法主要有三大类：基于数据、基于逻辑和基于原理。具体而言，基于数据即建立对应的数据库系统，并获取所需的数据和信息；基于逻辑即充分利用已收集的大量正确的化学实验数据，通过逻辑推理、归纳和演绎的方法对数据进行分析归纳，从中获取相关的知识、规则和关系，对新化合物、合成路线/反应、结构和谱图进行相应的预测；基于原理即利用相关的理论计算方法计算化合物的能量和相关性质，根据计算结果，实现分子设计、合成设计/反应预测、结构解析及谱图模拟(姚建华等，2019)。

4. 材料信息学

1999 年，美国波士顿举行的“材料信息学——面向新材料发现的有效数据管理”大会上首次提出了材料信息学(materials informatics)的概念。材料信息学的含义可以归纳为材料科学与工程领域的大数据分析，通过计算机技术对海量材料数据进行数据挖掘和可视化分析，从中提取总结材料的成分-工艺-结构-性能关系，实现知识共享，有力促进新材料新工艺的研发设计。材料信息学的实质是材料集成设计和材料数据库平台的搭建，以及材料领域的大数据分析，目前的研究主要集中在数据标准、材料数据库、材料数据可视化、材料数据挖掘四个领域(王卓等，2017)。以美国于 2011 年发布的材料基因组计划为例，该计划将集成材料计算的理念贯穿于从新材料发现到应用的全部过程，逐渐扩展到了材料科学、材料技术与材料工程中，促进新材料的设计及工艺优化方面的研究突破(赵正爽，2017)。作为材料领域和计算机领域的交叉学科，材料信息学将大数据技术、网络技术、云计算技术和机器学习能力应用于传统的材料领域，将有助于大量数据的信息化管理以及新材料的预测、工艺的优化，引发材料领域数据管理的变革。

1.3　新型科研创新单元的兴起与发展

数据密集型科研、计算密集型科研主要体现了科学研究对数据资源(包括收集、清洗、存储、分析、可视化等)和高性能计算资源的需求，是利用新兴信息技术重塑和变革科学研究的模式与方法。另一方面，随着科研信息化的发展，位于全球不同地区的科学家可以借助网络实现资源、工具和成果等的共享，开展跨领域、跨地域、跨机构的协同作业，实现科学研究生产组织方式的去中心化和网络化。科研创新主体从大学、科研院所、企业延伸至松散组织的虚拟机构甚至是个人。基于网络的新型创新研究单元和开放式科学创新也应运而生，并逐步发展演进。

1.3.1　虚拟科研组织

信息化基础设施的发展使得科研机构及个人能够通过网络跨越地域和机构、甚至跨越国界实现资源共享、进行科研活动，从而为建立新型的研究方式——虚拟科研组织(virtual research organization，VRO)创造了条件。

虚拟科研组织是在网络化和信息化的基础上建立起来的，它包括两个层面的内涵：一是科研组织的虚拟化，也就是通过网络将地域上分散的科技资源组织起来解决同一科学问题；二是研发网络的动态化，即多个独立的科研组织基于某种契约关系临时性组织起来完成同一研究目标，其资源配置及人员构成处于动态调整之中(丁大尉等，2017)。可见，虚拟科研组织打破了传统科研组织的形式和界限，突破了时间和地域的限制，可以掌握更为丰富的科研资源并进行组合优化利用，促进科研资源共享并提高其利用率，降低知识生产成本，推动深度学术交流，有效扩大科研产出的社会影响，并更好地满足瞬息万变的市场需要。

从 20 世纪 90 年代末开始，各国就尝试创建虚拟科研组织。2004 年，英国联合信息系统委员会(Joint Information Systems Committee，JISC)正式启动虚拟科研环境(Virtual Research Environment，VRE)计划(Joint Information Systems Committee，2014)，意图打造若干功能齐全、性能稳定的协同科研平台，促进科研实践的变革。JISC 于 2004～2012 年资助建设了 20 多个 VRE 项目，以这些 VRE 为支撑平台，英国打造了一批高效运行的虚拟科研组织。EGI 也为高能物理、生命科学、地球科学、医学健康、社会科学多个学科领域建立各自的虚拟科研组织提供了强大的信息技术平台支撑，包括网络、计算、存储、科研软件和中间件等各种资源和服务。

在具体学科的虚拟科研组织建设方面，美国国家科学基金会(National Science Foundation，NSF)于 2002 年资助美国六所大学合建了美国国家纳米技术计划大学网络(nanoHUB)。nanoHUB 是一个虚拟科研组织，汇集了纳米科学与技术领域的众多文献资源和仿真工具，也为该领域研究人员提供了一个很好的交流和协作平台。另一个案例是位于美国艾奥瓦州立大学的组合科学和材料学信息学协同实验室，这是一所国际科研教育中心，由全球多所大学和实验室组成，旨在促进信息学和组合实验方法在材料创新和设计方面的应用。该虚拟实验室提供在线教育材料、远程仪器访问、交互式工具以及对全世界材料科学领域元数据库的访问。

虚拟科研组织是知识经济时代实现科研资源整合、科研协同创新和科研成果共享的一种卓有成效的组织模式。这种新模式极大地激发了科学共同体的研究活力，为科研知识生产描绘了一幅新的图景。然而，虚拟科研组织能否在未来具有普适性和通用性仍需要时间证明，科研组织虚拟化仍面临着诸多挑战，例如，学术成果的共享和公开范围与限制，知识产权归属问题，针对组织成员是否需要创建新的学术规范和管理机制等。

1.3.2 开放科学

随着科研信息化不断发展，全球科技创新呈现“大数据+大计算＝大发现”的趋势。许多待解决的科学问题和社会挑战的规模和复杂性已经远远超出了一个学科、一个机构乃至一个国家的能力，开放科学借力信息化成为新的趋势。开放协同、大众创新、知识共享越来越多地体现在科研活动中，利用网络平台和“众包”科学的方式，将公众力量引入科学研究，加快科学发现。

开放科学描述了当前正在进行的科研方式的转变，涉及科研人员的合作、知识的共享与科学的组织，通过提升透明度、开放性、联网和合作推动科学发展，使人们能从知识共享的角度重新看待科学。开放科学趋势下，科研合作、知识共享、科学组织及科研评估的方式正在发生改变。从概念建立到数据采集和分析，再到科研成果出版与科研质量评估，科学研究整个生命周期的每一阶段都因开放科学而改变，所有参与其中的机构，包括科研机构、管理机构和资助机构都深受影响。

开放科学是欧盟优先和重点发展的方向之一，相关机构很早就开展了若干部署与行动。例如，面向科研的开放存取基础设施 OpenAIRE(European Commission，2015a)从 2009 年启动建设；在线数字化仓储 Figshare(Figshare，2017)创立于 2012 年，可以让用户免费发表、查询和共享包括图表、数据集、视频等在内的所有科研成果；开放科学链接(OpenScienceLink)项目(European Commission，2015b)在科研信息开放存取的基础上，提出了一套针对科研成果发布、共享、链接和评估的整体方案，并推出了相应平台。诸如此类行动与项目，极大地推动了欧洲乃至全球的开放科学进展。在此基础上，2015 年，欧盟将开放科学列为其科研创新政策的三大战略性优先领域之一(Carlos，2015)，正式将开放科学提升至战略高度，并陆续推出了以开放科学云建设为首的一系列部署与举措，大力支持欧洲的开放科学发展。

欧盟的“开放科学”行动(European Commission，2016a)提出打造“开放科学公地”(Open Science Commons)(Tiziana，2014)和“信息化基础设施公地”(e-Infrastructure Commons)。开放科学公地围绕数据、信息化基础设施、科学设备、知识四个核心领域组建，为开展数字化研究、解决政策挑战，以及促进开放科学成为知识创造和合作的新范式开辟了一条新的途径，将促进共享科学资源的管理，为科研政策的制定提供支持，使所有学科领域的科研人员都能便捷、开放地一站式获取他们所需的先进数字化服务、科学设备、数据、知识和技能，通过合作促进科研产出并实现科研成果转化(EGI，2014)。信息化基础设施公地是针对欧洲及全球科研创新分布式电子资源的简便、低成本共享制定的一份框架，其提供了一套明确定义的、综合的、可互操作及可持续的服务，可以通过持续演进满足不断变化的用户需求(ESFRI，2016)。信息化基础设施公地是一个开放的、可访问的、有生命的生态系统(e-IRG，2013)，包含三个组成要素：一是提供一个面向欧洲研究、创新与科研基础设施团体的公地服务协调平台；二是在公地内部署可持续与可互操作的信息化基础设施服务，且允许用户团体灵活、开放地选择满足自身需求的服务；三是实施创新项目，以实现信息化基础设施的可持续演进，满足用户团体不断变化的需求。

1.3.3　公民科学

开放科学的一个重要目的是将研究结果广泛开放给公众，帮助公众理解科学并长期维持对科学的兴趣，推动公众参与科学研究，为培养未来科学家以及解决真正的难题做出贡献。因此，公民科学也是开放科学的重要组成部分。

公民科学是以众包形式开展的科学研究，是指公众参与的科学研究，包括非职业科学家、科学爱好者和志愿者参与的科研活动，范围涵盖科学问题探索、新技术发展、数据收集与分析等。公民科学既是开放科学的目标，又是其驱动因素。公民开展科研活动，在科研生命周期的各个节点做出贡献，包括收集资源、界定研究问题、采集数据、分析数据、传播结果，甚至是评估项目的成功与否。公民科学也意味着公众通过日益发展的数字技术获取关于科研过程的信息，对科学有了更深入理解。同时，通过博客、社交媒体等更开放的交流形式与科学家进行互动。

Fold.it 和“星系动物园”就是公民科学的两个典型案例。Fold.it 是一个在线益智游戏，目的是预测蛋白质结构，阐明蛋白质如何实现迅速且有效的折叠，为潜在的新药开发等研究做出贡献。预测和识别蛋白质结构是生物学面临的最大挑战之一，公民科学家参与蛋白质“折叠”，也为游戏设计出力。游戏玩家和研究人员的合作为相关研究提供了支持。该计划开始后不久，就发现了优劣猴免疫缺陷病毒调节蛋白的三级结构，有望带来应对艾滋病病毒的新方法。星系动物园项目让公众可以对随机星系图片进行分类。其基本想法是利用人眼对复杂结构的天然敏感性来实现海量星系图片的快速分类，且不需要志愿者有任何的数理基础。志愿者们在项目网站上根据科学家提供的星系图片以及分类树对星系的形状进行分类并标注，科学家们根据这些标注研究星系形状的统计性质，从而给出更合理的星系形成和演化模型。这是一个非常成功的公民科学项目，美国国家航空航天局(National Aeronautics and Space Administration, NASA)的天体物理学数据库显示，与星系动物园相关的学术论文多达几百篇。

开放科学运动的其他趋势可能影响到公民科学的发展。公众对环境、健康和其他科学问题的兴趣，以及社交媒体的蓬勃发展，促进了更广泛的知识民主化。资助并开发针对公民科学项目运作的质量标准与指南对塑造未来公民科学而言也是一大要素。可能阻碍公民科学发展的因素是科学社区的态度，例如，学术界可能认为公众收集的数据相比其他类型的数据质量偏低，或者认为公民科学会损害科学调研和科研资助决策的严谨性和客观性。

公民科学为更开放的科学研究提供了众多机遇，数字技术有助于实现、促进和扩展公民科学活动。在未来，公民科学是否仍然局限于特定的研究项目(尤其是数据收集活动)；公民在科学中的职责是否会发生重要转变；数字技术将承担怎样的职责；对社会而言，公民科学是否还有尚待发挥的作用，这些都需要去研究和探索(RAND Corporation，2017)。

第 2 章　国内外科研信息化规划与发展

科研信息化在全球范围内得到了越来越多的共识，很多国家都制定了国家层面的战略规划。本章主要梳理和总结国内外科研信息化战略规划与发展历程。

2.1　美国科研信息化战略规划与发展历程

20 世纪 90 年代以来，美国大力发展信息技术及其产业，积极推进信息化进程，网络、高性能计算、云计算、大数据等基础设施与新兴技术为科研赋能，带动科研持续稳定发展。本节将 1990～2019 年分为三个阶段，梳理了各阶段美国科研信息化的重大战略规划与发展历程。

2.1.1　1990～1999 年：美国科研网络基础设施铺垫阶段

1. “信息高速公路”战略

1992 年，IBM 公司等 13 家信息企业的首脑在华盛顿召开的一次会议上提出，向 21 世纪迈进的美国需要建立起遍布全国的先进的信息网——即建立信息高速公路。美国于 1993 年公布了国家信息基础设施计划，引发全球范围的信息基础设施建设热潮。随后互联网在全世界迅速普及，并为科研专用网络和科研信息化的发展奠定基础。

美国政府颁布的“信息高速公路”战略，计划投资 4000 亿美元，用 20 年时间，逐步将电信光缆铺设到所有家庭用户；1994 年，美国政府提出建设全球信息基础设施的倡议，旨在通过卫星通信和电信光缆连通全球信息网络，形成信息共享的竞争机制，全面推动世界经济的持续发展。“信息高速公路”是一个前所未有的电子通信网络，四通八达，将每个人都连在一起，并可提供你能想象得出的任何电子通信，其目的是提供远距离的银行业务、教学、购物、纳税、聊天、游戏、电视会议、点播电影、医疗诊断……

“信息高速公路”的主要内容如下。

1) 综合与集成各种信息网络

“信息高速公路”首先是一个网络，如果没有了网络，就不可能将分散在各地区的信息设备连接起来，也就无法共享信息，但“信息高速公路”不是简单的单一结构网络，而是“网络之网络”，它是全部现有的和将来的、公有的和专有的、政府的和企业的、窄带的和宽带的、高速交互式的网络综合与集成。

2) 囊括各种通信技术

“信息高速公路”包括各种通信技术，如卫星通信、有线通信、无线通信和移动通信等，通过这些通信技术，信息才有可能传送到各个家庭、企业和政府机构。

3) 包含有各种形式的信息

“信息高速公路”包含各种大量的信息及其文本，信息以数据库、文字、图形、图像、声音、文本、文件及二进制代码文件等各种形式，在“信息高速公路”上存储和传送。

4) 包含有各种形式的各种信息设备

计算机、电话机、电视机、无线电及其他信息设备是利用“信息高速公路”的工具，通过这些工具，人们才有可能对各种信息进行访问。

5) 包含有各种信息从业人员和用户

“信息高速公路”上的信息从业人员负责提供信息、管理信息、交流信息并对硬件进行维护，以使“信息高速公路”有序畅通。另外，用户也是“信息高速公路”不可缺少的一个方面。

2. 科研先进网络技术联盟 Internet2

1996 年，美国教育和科研机构组成的先进网络技术联盟 Internet2，主要目的是开发先进的网络应用，并研发未来的网络创新技术。Internet2 初始成员仅有 34 家高校，但在 1997 年 1 月召开的首届成员会议时，其成员规模已超过 100 家。1998 年，Internet2 发起中间件计划，旨在促进标准化和互操作，支持成员机构部署中间件服务，包括：确认、认证、授权和安全服务等。1999 年，Internet2 已拥有 168 家高等教育成员、63 家行业伙伴、36 家附属成员、28 个连接方、19 家国际合作伙伴，为 2.48 亿网络用户(约 4.1%全球人口)提供服务(Internet2，2019)。

2.1.2 2000～2009 年：美国网络与计算并进发展阶段

1. Internet2 网络与服务能力提升

2001 年，Internet2 发起端到端性能计划，旨在搭建框架以确定网络问题源头，开发测量工具，促进研究人员间的项目协作，加强研究人员、网络运营商和终端用户的通信。2002 年，Internet 骨干网 Abilene 开启升级计划，部署 IPv6 并将网络能力提升 4 倍，以达到 10Gbps。同年，Internet2 观察站(综合实时运行的数据集)与 Eduroam 基础设施开建。2004 年，Internet2 发起首个国家信任网络 InCommon，为研究和教育团体提供信任框架，通过简便的单点登录访问方式来保护网络资源。NSF 发起“国际研究网络连接”计划(2004～2016 年)。2006 年，Internet2 与行业伙伴发布新的国家网络计划，将网络能力提升 10 倍以达到 100Gbps；并与美国能源部(Department of Energy, DOE)的能源科学网(ESnet)建立合作伙伴关系以部署下一代科研发现网络。

2. NSF 资助计算与数据相关科研基础设施建设

2001 年，NSF 投资 4500 万美元启动 TeraGrid 项目，旨在提供新型的分布式计算能力，为美国科研活动提供协作和综合服务。同年，NSF 采用网络基础设施(cyberinfrastructure)一词来描述知识社会的基本特征，其与英国和欧盟的 e-Infrasctructure 同义，均指信息化基础设施。2002 年以后，美国逐步形成了对建设信息化基础设施的认识。2003 年 1 月，NSF 的信息化基础设施高级咨询小组(NSF blue-ribbon advisory panel on cyberinfrastructure)发布的研究报告“通过信息化基础设施推进科学与工程研究的革命”指出：“由于计算、信息和通信技术不断进步，当今科学与工程问题的复杂性不断增长、范围和规模带动新的需求牵引，一个科学与工程研究的新时代已经出现。当前的技术能力已经能够提供全面的信息化基础设施，在其上可以构建崭新的科学与工程研究环境和组织形式，以新的和更加有效的方式进行工作”，“现在面临着基于信息化基础设施建立新型研究环境的重要机遇，但是也存在着未能迅速行动和给予足够投资而产生的巨大风险和代价。”这种代价是“丧失美国对其他国家在科学与工程研究上的领导地位，并带来经济衰退”(NFS，2003)。报告呼吁抓住这个百年不遇的机会，通过协调发展和充分应用信息化基础设施来领导和促进科学与工程的这场革命。

2005 年 9 月，美国国家科学理事会发布“长生命周期的数字化数据库：21 世纪科研与教育的必备基础”研究报告，指出科学数据成为未来科研、教育模式创新的变革中心，必须予以长期保存和维护。2006 年 7 月，美国科学基金会发表了“21 世纪科学信息化基础架构”的报告，报告指出，在未来，美国科学和工程上的国际领先地位将越来越取决于在数字化科学数据的优势上，取决于通过成熟的数据挖掘、集成、分析和可视化工具将其转换为信息和知识的能力。因此，其在国内机构层面、国家层面及国际层面上采取一系列的行动计划，目的是准备建立全球性的科学研究数据的公共访问机制。

2007 年 3 月，NSF 发布 2006～2010 年科研信息化基础设施的发展规划“面向 21 世纪科学研究的网络基础设施”(Cyberinfrastructure Vision for 21st Century Discovery)，明确了可持续发展的网络基础设施的概念，并指出“在未来，美国科学和工程上的国际领先地位将越来越取决于在数字化科学数据的优势上，取决于通过成熟的数据挖掘、集成、分析和可视化工具将其转换为信息和知识的能力”。这是对科研信息化基础设施建设的一个全面和系统的规划部署，主要包括高性能计算、数据和数据分析及其可视化、虚拟研究组织、学习和人力资源开发等四个方面(NSF，2007a)。据此，2007 年 9 月正式征集科学数据持续化保存与共享网络伙伴(Sustainable Digital Data Preservation and Access Network Partners, DataNet)项目方案，在未来 5 年来投入 1 亿美元(单个项目最高 2000 万美元)，建立一批全景示范的新型数据保存与共享组织架构，为长期的科学研究提供可靠的数据保存、访问、集成和分析能力，以及预测及不断适应技术本身及用户需求所带来的变化等(NSF，2007b)。

2009 年 12 月，NSF 宣布制定一份题为“面向 21 世纪科学与工程的网络基础设施框架”(CIF21)的长期战略愿景，旨在为科学研究提供各种资源和服务以及合作机会。CIF21 的目标如下。①提供科学变革所必需的高端计算、数据、可视化和传感器系统，及相关用户支持；提供高性能计算系统和联网、互操作数据系统、数据挖掘等各种服务，重点是可持续性和可扩展性。②积极促进学校、政府和商业界使用网络基础设施，通过开展各种项目提供广泛的资源；提供网格、云计算、松散耦合型服务、联合 ID 管理、包括无线网络和社会网络在内的混合网络。③提供重要国家和国际科研设施，积极开展各种合作，包括大型 NSF 合作设施和项目，开发跨 NSF 与其他政府部门的网络基础设施，包括国际合作伙伴。④制定一份有关计算机科学的全面的教育和推广计划，以支持 21 世纪科学和工程的员工学习和发展。

2.1.3　2010～2019 年：美国新兴技术促科研信息化蓬勃发展

1. Internet2 迈向 100Gbps 时代

2010 年夏，美国政府拨款 6250 多万美元，资助 Internet2 和其他几家国家科研教育网络建造带宽 100G 的美国统一社区锚点网，以连接美国的学校、图书馆、社区大学、保健中心和公共安全组织等社区机构，实现当前典型互联网服务尚未包括的先进应用。2010 年 10 月，NSF 又为 Internet2 中间件计划提供了为期 3 年约 265 万美元的资助，旨在将 Internet2 开发的基本认证软件组合为一个工具包，以促进虚拟组织的协作。2012 年 10 月 1 日，Internet2 正式启动全美首个全国性 100G 开放软件定义网络，以支持先进服务和云计算应用，带动新一轮的教育、科研和产业创新，促进全球大数据合作研究产出。

新启用的 Internet2 网络具备以下新的功能。①升级后的高级第三层服务可以通过与本地网络和 Internet2 美国统一社区锚点网络的合作，为科学、医学和教育等领域提供强大的宽带能力，这些服务不仅面向高等教育团体，还面向成百上千个社区公共机构。②全国性 100G 软件定义网络不仅可以通过与印第安纳大学的合作提供第二层开放科学、学术研究和服务交换等生产型服务，还能通过软件定义网络支持网络创新。③新网络是速度高达 8.8 Tbps 的光纤网络，通过 Internet2 与 ESnet 的合作和网络共享，可以促进国家级项目的开展。此外，Internet2 联盟成员还可以利用新网络提供 Internet2 NET+服务，满足大数据科学指数级增长的需求。Internet2 NET+服务目前可为全美的大学校园提供 29 项云服务，这些服务成本低，易于访问和管理，且能通过定制满足科研教育团体的特定需求。

2011 年，美国劳伦斯 · 伯克利国家实验室和 Internet2 项目组宣布合作共建一个速度高达 100G 的科学网络原型，并成为美国能源部先进网络计划所支持的 ESnet 的一部分。该项目在美国首次采用 100G 以太网技术来创建一个国家级的原型网络，能极大提高 ESnet 的信息传送能力。这个原型网络对于美国建设一个国家范围的 100G 网络来说十分重要，能为美国能源部的科研人员提供前所未有的网络能力，以开展数据密集型研究与合作，促进美国在气候、清洁能源、粒子物理、基因组学等领域的科技创新，并产生社会效益。该原型网络最初连接美国能源部下属的三个超级计算中心：国家能源研究科学计算中心、橡树岭领导者计算中心和阿贡领导者计算中心。此外还陆续与曼哈顿大陆国际交换中心建立连接。该原型网络能被用于应用程序和网络研究，包括让阿贡领导者计算中心和“阿卡迪亚项目”(Acadia Project)能够通过该网络获取国家能源研究科学计算中心的“麦哲伦”云计算资源。“阿卡迪亚项目”的目标是开发网络界面控制器硬件和设备驱动/面向协议的软件，以实现能在 40G～100G 间运作的主机系统和网关系统。该原型同时将被作为一个平台，以开发能被用于建造速度高达 1T 的网络的技术。劳伦斯 · 伯克利国家实验室还为美国能源部和 Internet2 的科研人员提供“暗光纤”(dark fiber)设施，以开展破坏性的网络研究，这对于取得网络技术突破而言十分重要。基于这些条件，科研人员就能够开发规模足够大的实验床，并以前所未有的方式对新的网络协议和范式进行测试。

2. NSF CIF21 与 XSEDE 2.0 建设驱动科研发展

2011 年 2 月，NSF 向国会提交了 2012 财年预算请求，其中“面向 21 世纪科学与工程的网络基础设施框架”(Cyber-infrastructure Framework for the 21st Century，CIF21)的预算请求为 1.17 亿美元。CIF21 涉及四个领域，每个领域都有 NSF 的网络基础设施办公室、计算机与信息科学及工程学部等机构参与。这四个领域和相关预算请求分别为：数据驱动型科学(4990 万)、社区研究网络(900 万)、新型计算基础设施(4310 万)、网络基础设施访问与连接(1500 万)。

(1) 数据驱动型科学方面，2012 财年 NSF 启动三项工作。

① 数据服务项目，重点关注创建数据服务，包括针对科学和工程数据提供可靠的长达十年的数字化保存、访问、集成和维护能力，并作为可互操作的数据保存和访问网络的组成要素。该项目将依托和平衡在高端计算、网络、软件、算法、数字图书馆和特定领域数据系统的先期投资。相关工作包括：团体参与制定标准，开放获取政策、元数据系统和本体，教

育和培养一批拥有数据知识的人才队伍等。该项目将实现数据和信息的透明访问、控制、分析和集成，同时保持数据的完整性，确保适当的安全与隐私。

② 数据分析项目，重点在于数据分析工作和工具，其支持数据挖掘、操纵、建模、仿真、可视化和决策支持系统，并将持续预见和适应技术及用户需求的变化。

③ 数据密集型科学项目，支持需要跨学科团体共同努力开展的数据密集型科学和工程学，创建新的算法和有关数据共享与开放访问的政策。

(2) 社区研究网络方面，2012 财年 NSF 启动两项工作。

① 支持创建创新的跨学科研究团队，以利用现有和正在发展中的计算能力和基于数据的能力。

② 重点在于有关团队研究网络的先进研究。

(3) 新型计算基础设施方面，2012 财年 NSF 启动两项工作。

① 重点在于创建创新的计算资源和基于数据的资源，充分利用和扩展现有的高性能计算可持续方案。这包括创新的计算环境(如 GPGPU、云)以及创新的数据共享和存档系统与方法，如共享的分布式文件系统和服务。其他用以促进科学和工程发展的资源也将得到开发利用，重点在于实现现有和计划提供的计算能力的互操作性。

② 平衡和扩展现有的“实现可持续创新的软件基础设施”项目，重点在于开发跨多个学科的新型软件工具和服务，以及“软件即服务”、应用接口、工作流、中间件、测试、评估、部署模式和可持续性，其中特别需要加强的是教育工作，为未来的科研团队提供后备人才。

(4) 网络基础设施访问与连接方面，2012 财年 NSF 启动两项工作。

① 网络连接和工程项目，利用网络技术整合新建的网络和升级后的网络，包括三个组成部分：对设施和仪器的访问、校园与研究人员的联网、整合。

② 扩展网络安全工作(包括身份管理)，重点是从网络安全创新转向实践和早期部署。

“先进计算基础设施”是 NSF CIF21 的重要组成部分。2012 年 2 月，NSF 发布“先进计算基础设施：愿景和战略规划”，提出了 NSF 在先进计算基础设施方面的发展愿景和战略方向。通过创建和部署有关先进计算基础设施、项目和其他资源的全面投资组合，推动在计算与数据密集型科学与工程(computational and data-enabled science and engineering，CDS&E)领域的先进基础研究，以及它们在所有领域的应用。NSF 还将促进 CDS&E 领域的人力资源开发与教育，以使所有科学与工程领域从中受益。战略方向包括以下几点。①通过在计算模型与语言、数学与统计、算法、编译器、操作系统与运行系统、中间件、软件工具、应用框架、虚拟器、先进硬件方面的创新，促进那些能充分利用并行与并发性能的基础研究。②通过与科学领域的合作关系，利用高性能计算资源进行应用研究与开发，包括新的计算、数学和统计建模、模拟、虚拟化与分析工具、以领域为中心的应用开发、部署可升级的数据管理系统。③构建、测试可持续的和创新的资源，并将其融入一个协作式生态系统中，该生态系统联合了与各科学领域建立了合作关系的校园和地区系统、网络、云服务和/或数据中心。④制定全面的教育和人力资源项目，包括从普及计算、数学与统计模拟、CDS&E，到形成一支技术人员大军，并推动先进计算人员在学术界、政界和产业界的职业发展。⑤设立具有变革意义和面临重大挑战的团体项目并对其进行评价，这些项目应通过一种全面和综合的方法，利用高端计算、数据、网络、设施、软件和跨越团体、政府机构的跨学科知识与国际合作，为解决当代复杂问题提供支持。

“软件”也是 CIF21 的重要组成部分之一。2012 年 9 月，NSF 发布“面向科学、工程与教育的软件愿景与战略”，提出了五个相互关联的战略目标和实现各目标应采取的措施，以提供和维护相关软件，促进科学与工程研究及教育。这五大战略措施包括以下几点。①能力：支持创新性的、综合的、可靠的、可持续的、可用的软件生态系统的创建与维护，以提供新的能力来促进具备前所未有的复杂性和规模的科学研究与应用。NSF 为多种活动提供长期资助，如：维护和促进不同级别的软件基础设施建设和软件开发；解决软件生命周期内的所有问题，从成果转化到软件的运行再到停止对过时软件的支持；提供相关机制以实现软件领域的创新，并使软件能够快速演变以促进技术的进步与实现各学科所需的新功能；确保软件得到良好的记录、传播和展示，为培训和用户评价提供可用的资源。②研究：支持科学软件持续有效发展所必需的基础研究，以应对新的技术、算法和科学进步。NSF 为多种活动提供资助，如：确定可用软件与科学、工程和教育的近期、长期需求之间的差距；理解阻碍软件重复使用的问题，在开发过程中鼓励软件的重复使用。③科学：利用先进的软件和服务，实现变革性的、跨学科的、合作的科学与工程研究与教育。NSF 为多种活动提供资助，如：制定一项泛 NSF 的，基于计算和数据的科学与工程项目，以开展能促进科学与工程软件发展的新方法、算法的研究与创新；利用软件、高端计算、数据、网络、设备和跨学科专家，采用全面和综合的方法来解决一系列科研问题；推动科研人员参与不同学科的综合、有远见的端到端科学用例的利用，从而驱动网络基础设施开发与利用方面的创新；通过共享软件概念与标准来促进跨学科、跨机构、跨地域的团体构建与合作。④教育：培养具备利用及开发软件的重要技能的科学家与工程师，并确保软件与服务在科研与教育过程中得到有效利用。NSF 必须将软件利用与所有级别的教育活动结合起来，支持软件开发人员的职业发展。NSF 将为多种活动提供资助，如：培养学生具备相关的专业知识，以利用和扩展最先进的工具与技术，为科学软件基础设施做出贡献；提供新的课程和方法使所有级别和所有学科的学生了解软件工程最佳做法。⑤政策：通过新的软件政策来改变实践，解决与学术文化、开放传播和利用、数据/模型/仿真的可重现性和可信度、可持续性相关的挑战，并解决软件著作权的管理、引用和归属问题。软件基础设施发展的可持续模式需要改变现有政策和科研与学术团体的社会行为。NSF 引导实现以下领域的变革性活动，如：在软件开发和传播方面广泛采取开源模式，使开发的软件可获取、可理解和可重复使用；制定将软件作为学术产品进行引用的机制；制定具有成本效益的策略，以与国际和产业界进行广泛、跨学科的软件开发合作；制定和使用能够衡量软件利用率及软件对科学、工程与教育所产生影响的指标。

NSF 建设“极限科学与工程发现环境”加速开放科学发现。2016 年 8 月，NSF 宣布在 5 年内拨款 1.1 亿美元，资助伊利诺伊大学厄巴纳-香槟分校(University of Illinois at Urbana-Champaign，UIUC)及 18 家合作机构继续开展并拓展基于“极限科学与工程发现环境”(Extreme Science and Engineering Discovery Environment，XSEDE)的活动(NSF，2016)。启动于 2011 年的 XSEDE 是美国网络基础设施生态系统的基石，通过降低科研人员和工程师使用计算资源的门槛，加速了开放科学发现并让更多的人参与先进计算。XSEDE 为多项科学研究提供支持，例如，引力波的发现、高精度北极地图绘制、艾滋病病毒结构解析、预防交通事故受伤等。

新的五年期资助被称为 XSEDE 2.0，继续向其广大用户提供已有服务，并增加创新元素来满足日益发展的支撑技术及用户需求。XSEDE 2.0 支持美国“国家战略计算计划”(National Strategic Computing Initiative，NSCI)的目标，包括从整体上扩展国家 HPC 生态系统的能力，服务于教育和员工发展，培养当前和未来的研究人员与技术专家。XSEDE 2.0 将提供若干关键功能，包括以下几点。

(1) 面向一系列超级计算机、高端可视化和数据分析资源管理和提供服务，以解决日益多样化的科学与工程挑战。

(2) 管理配置流程，方便研究人员访问先进计算资源；继续改进并创新该流程，使其与新的研究访问工作流与新的资源保持一致。

(3) 基于 XSEDE 优秀用户服务的传统，通过连接校园 HPC 社团，以及教育、培训、拓展活动的开展，引进新一代的多样性计算研究人员，帮助研究人员访问当地和国家资源。

(4) 提供扩展的合作支持服务，以将 XSEDE 的计算或软件工程专家与领域科学家组合起来，加强项目建设或开发促进研究所需的工具。

(5) 继续运作并改善国家层面的 XSEDE 集成 HPC 能力，为 XSEDE 负责协调的网络基础设施生态系统的用户提供一站式体验。

3. 美国大数据研发计划与开放数据行动计划

2012 年 3 月 29 日，时任美国总统奥巴马宣布启动“大数据研究与开发计划”(Big Data Research and Development Initiative)，旨在提高从海量数字数据中提取知识和观点的能力，从而加快科学与工程发现的步伐，加强美国的安全，实现教育与学习的转变。这项计划是对 2011 年美国总统科技顾问委员会(President's Council of Advisors for Science and Technology，PCAST)所提建议的回应，也是 2011 年美国“网络与信息技术研发”(Networking and Information Technology Research and Development，NITRD)计划设立的“大数据研发高级指导小组”研究工作的体现。

美国多家联邦机构开展多个项目，以解决大数据带来的挑战。以 NSF 为首的六大联邦机构宣布投资超过 2 亿美元资助新项目的研发。这是联邦机构对该计划的首轮资助，包括以下项目。

(1) NSF 与美国国立卫生研究院(National Institutes of Health，NIH)两机构联合招标的“促进大数据科学与工程的核心技术”项目旨在促进对大规模数据集进行管理、分析、可视化并从中抽取有用信息的核心科学技术的发展。NIH 尤其关注与医疗和疾病有关的分子、化学、行为、临床等数据集。

(2) NSF 实施一项全面的长期战略，包括从数据中获取知识的新方法、管理数据的基础设施、教育和队伍建设的新途径，尤其鼓励科研院校开展跨学科的研究生课程，以培养下一代数据科学家和工程师；向加州大学伯克利分校提供 1000 万美元的资助，将机器学习、云计算、众包这三种方法整合起来，用于将数据转变为信息；为“EarthCube”提供首轮资助，使地学家可以访问、分析和共享地球信息；向一个培训小组分配 200 万美元，使本科生能在利用图形和可视化技术处理复杂数据方面获得培训；向一个由统计学家和生物学家组成的科研小组提供 140 万美元的资助，以确定蛋白质结构和生物学通路；召集跨学科的研究人员以确定大数据如何改变教学。

(3) 美国国防部(Department of Defense，DOD)每年投资 2.5 亿美元(6000 万用于新的研究项目)资助开展以下研究：“数据到决策”，开发计算技术和软件工具，以分析那些与动态推理和推理机相连的海量数据(包括表格等半结构化数据和文本等非结构化数据)；自动化，利用“数据到决策”取得的进展来开发相关的支持工具，这些工具能够识别趋势、适应现实世界的条件，并可不依赖于人类的干预而在复杂的动态环境中成功运行；人机系统，促进人机接口的发展，以实现运行和培训方面的无缝合作。

此外，美国国防部高级研究计划局(Defense Advanced Research Projects Agency，DARPA)启动“XDATA 项目”，拟每年投资 2500 万美元，开发分析大规模数据的计算技术和软件工具。项目拟解决的中心挑战包括以下几点。

① 开发可升级的算法，以处理分布式数据仓库中的不完全的数据。

② 创建有效的人机互动工具，其可以根据不同的任务进行轻松定制。

XDATA 项目将支持开源软件工具包，为用户提供可在多种环境中进行大规模数据处理的灵活的软件。

(4) NIH 千人基因组计划数据集将通过亚马逊网络服务免费对外开放。这些数据总量达到 200TByte，是世界上最大的人类基因变异数据集。

(5) DOE 提供 2500 万美元的资助，建立“可扩展的数据管理、分析和可视化研究所”，将汇集美国六个国家实验室和七所大学的专家，开发新的工具来帮助科学家管理和可视化来自 DOE 超级计算机的数据。

(6) 美国地质调查局(United States Geological Survey，USGS)的约翰·韦斯利·鲍威尔分析与集成中心启动了八个新的研究项目，以将地球科学理论的大数据集转变为科学发现。

美国发布联邦大数据研发战略计划。作为 2012 年推出的“大数据研发计划”的一个重大里程碑，2016 年 5 月 23 日，美国发布“联邦大数据研发战略计划”，旨在为在数据科学、数据密集型应用、大规模数据管理与分析领域开展和主持各项研发工作的联邦各机构提供一套相互关联的大数据研发战略，维持美国在数据科学和创新领域的竞争力。

该计划提出了以下七大战略。

(1) 充分利用新兴的大数据基础和技术，创建新一代能力。不断增加对下一代大规模数据采集、管理和分析的投资有助于各机构逐渐适应和管理规模和复杂性日增的数据，并利用这些数据创建全新的服务与功能。在新方法开发方面，计算与数据分析技术的进步将改进复杂数据处理、简化可扩展并行系统的编程；计算机科学、机器学习和统计学的发展将提升未来数据分析系统的灵活性和可预测性；社会计算研究将帮助人类协调计算机无法胜任的任务；新的数据交互和可视化技术将改善“人类-数据”接口。

(2) 探索与理解数据及知识的可信度，实现突破性科学发现和更好的决策，开展有把握的行动。为确保源自大数据的信息和知识的可信度，需要开发合适的方法来捕获数据的不确定性并确保结果的可再现性和可复制性。提升数据驱动型决策的透明度需要开发相应的技术与工具，而对数据分析结果进行解释并由此采取适当行动可能需要人力的介入。

(3) 创建并改善科研网络基础设施，实现大数据创新，为各机构完成其任务提供支持。需要制定一份协调的国家战略来确定对安全、先进的网络基础设施的需求，支持对海量数据包括物联网产生的大量实时数据流的处理与分析，并实现个人隐私保护。共享的基准、标准和指标对网络基础设施生态系统的良好运作至关重要。

(4) 通过促进数据共享与管理的政策提升数据的价值。保证对更多数据的可持续访问，以实现数据的价值并最大化其影响。促进数据共享和相关基础设施的互操作性，可以提升现有数据的可获取性和价值，提高联合数据集分析能力。开发数据共享的最佳实践和标准以及能改善数据易用性和数据传输的新技术，可以提升资源使用效率。

(5) 针对隐私、安全和伦理，理解大数据的收集、共享与使用。隐私、安全和伦理是大数据创新生态系统重点关注的问题。隐私关系到数据收集者和提供者如何看待和管理信息；安全涉及个人信息，其重点是数据保护；伦理方面，数据分析有可能导致差别对待并波及民事权利。应制定新的政策来保护隐私和明确数据所有权，开发数据安全评估技术与工具，以确保高度分布式网络中的数据安全。

(6) 完善大数据教育与培训的国家布局，满足对高级分析人才的需求，并帮助更广泛人群具备分析能力。要满足对大数据人才日益增长的需求，需要制定综合性教育战略，确定数据科学家的核心教育需求，为下一代的数据科学家提供资金支持，壮大数据科学员工及研究人员的队伍。随着科学研究产生的数据日益增多，领域科学家需要通过与数据科学家合作、参与短期课程培训等进一步提升自身的数据科学技能。数据科学教育研究应探索数据素养的概念、课程模式，以及各阶层需要学习的数据科学技能。

(7) 在国家大数据创新生态系统中建立各种联系并加强这些联系。建立可持续的机制，提高联邦各机构合作开展大数据研发的能力。可能的机制包括：创建跨机构测试床，帮助各机构合作开发新技术并将研发成果转化为创新能力；制定相关政策，实现快速、动态的跨机构数据共享；形成关注重大挑战应用的大数据“基准中心”，确定达成美国关键优先领域的目标所需的数据集、分析工具和互操作性。

4. 国家战略性计算计划与高性能计算

1) 美国启动国家战略性计算计划

2015 年 7 月 29 日，奥巴马签发行政令，正式启动 NSCI，旨在使 HPC 研发与部署最大程度地造福于经济竞争与科学发现。

行政令指出，过去六十年来，持续进行的新型计算系统研发和部署使美国的计算能力一直领先于世界。为了在未来数十年维持与扩大这种优势，使 HPC 利益最大化，满足日益增长的计算能力需求、应对新兴计算挑战与机遇、赢得与他国的竞争，需要国家层面做出卓有成效的响应，针对 HPC 研发与部署创建一个协调性联邦战略。因此，该行政令启动了覆盖整个美国政府的 NSCI，制定统一的、多部门参与的战略愿景和联邦投资战略，并与产业界和学术界通力合作，实现 HPC 利益最大化。

NSCI 确定了 HPC 研发的指导原则与目标，界定了参与机构的性质与职责，并设立了协调机构。指导原则方面，NSCI 旨在维持并提升美国在 HPC 研发与部署方面的科技与经济领导力，需遵循四项指导原则：必须广泛部署和应用新兴 HPC 技术，以在经济竞争和科学发现方面保持领先；必须推动公私合作，借助政府、产业界和学术界各自的优势，使 HPC 利益最大化；必须采取整体政府方案，发挥所有行政部门的力量并促进它们之间的合作；必须制定一项综合性技术与科学方案，将针对硬件、系统软件、开发工具、应用程序的 HPC 研究有效融入系统开发中，并最终实现系统运行。

目标方面，参与 NSCI 的各行政部门与机构需致力达成五项战略目标：加快可实际使用的百亿亿次计算系统的交付；加强建模与仿真技术与数据分析计算技术的融合；未来 15 年，为未来的 HPC 系统甚至后摩尔时代的计算系统研发开辟一条可行的途径；实施整体方案，综合考虑联网技术、工作流、向下扩展、基础算法与软件、可访问性、劳动力发展等诸多因素的影响，提升可持续国家 HPC 生态系统的能力；创建一个可持续的公私合作关系，确保 HPC 研发的利益最大化，并实现美国政府、产业界、学术界间的利益共享。

为了实现上述五项战略目标，行政令确立了相关的领导机构、基础研发机构和部署机构(见表 2-1)。领导机构负责开发和交付下一代集成式 HPC 能力，并参与针对软硬件开发的支持，以及针对 NSCI 各项目标的人力资源开发。基础研发机构负责基础科学发现工作与相关的工程研发，为 NSCI 各项目标的实现提供必要支持。部署机构负责制定基于任务的 HPC 需求，为新型 HPC 系统的设计提供参考，同时负责就目标需求向私营部门和学术界征求建议。根据任务需要，这些机构可以将其他政府组织纳入到任务中。

表 2-1　各机构在 NSCI 中的角色与职责

各机构的角色		机构具体责任
领导机构	DOE	下属的科学办公室与国家核安全署将联合开展一项通过百亿亿次计算实现先进仿真的项目，并重点实现相关应用的可持续性，以及有助于完成任务的分析性计算
	NSF	在推动科学发现进展、打造 HPC 生态系统、人力资源开发等方面发挥核心作用

续表

各机构的角色		机构具体责任
领导机构	DOD	重点研发数据分析型计算。三所领导机构将同其他基础研发机构和部署机构合作，实现NSCI 各项目标并为联邦政府的各种需求提供支持
基础研发机构	高级情报研究计划署(Intelligence Advanced Research Projects Activity, IARPA)	重点研发面向未来的计算范式，实现标准半导体计算技术的替代方案
	国家标准与技术研究院(National Institute of Standards and Technology, NIST)	重点推动测量科学的发展，为未来计算技术提供支持。两所基础研发机构将与部署机构开展协作，实现研发成果的有效转化，为联邦政府的各种需求提供支持
部署机构	NASA、联邦调查局(Federal Bureau of Investigation, FBI)、NIH、国土安全部(Department of Homeland Security, DHS)、国家海洋与大气管理局(National Oceanic and Atmospheric Administration, NOAA)	这些机构将参与新型高性能计算系统、软件和应用的早期设计及协同设计过程，以将与自身任务相关的具体需求反映到设计中，并参与相关测试、人力资源开发等工作，确保相关成果在其任务中得到有效部署

2) 美国国家战略性计算计划战略规划

2016 年 7 月，NSCI 执行理事会发布“国家战略性计算计划战略规划”，在维持 NSCI 既定战略发展目标和政府机构角色的基础上，进一步明确了各机构在每一项发展目标中的具体责任，如表 2-2 所示。

表 2-2　美国国家战略性计算计划战略规划与机构责任

五项战略发展目标	美国各政府机构	具体责任
加快可实际使用的百亿亿次计算系统的交付	DOE	(1) 与 NSCI 参与机构合作，确定一系列面向政府目标的应用，并针对每项应用制定定量的绩效评估方法。 (2) 与产业界合作，确定并开发方案应对技术挑战，支持各机构实现百亿亿次计算。 (3) 部署下一代 HPC 系统，如橡树岭、阿贡与劳伦斯 · 利弗莫尔国家实验室合作打造的 CORAL 系统，以探索 HPC 面临的技术挑战，分析和应对 DOE 与 NASA 亟须解决的目标问题。

续表

五项战略发展目标	美国各政府机构	具体责任
加快可实际使用的百亿亿次计算系统的交付	DOE	(4) 领导下一代 HPC 计算方法、算法、系统软件研发，针对 DOE 目标开发可持续应用。 (5) 与 DOD 协调，确保针对 HPC 的未来技术能被适当地纳入百亿亿次系统中
	DOD	合作设计先进架构并开发硬件，引领对计算方法、算法、系统软件和可持续应用的探索
	NSF	(1) 确定与 NSCI 相关的科学与工程前沿，总结由 NSCI 计划激发的科学发现进展。 (2) 推进计算与数据应用，促进科学与工程及相关的软件技术。 (3) 推进应用与系统软件技术的根本研究，促进编程能力和再利用性，确保高可扩展性和准确度
	IARPA	通过 IARPA 在超导、机器学习、后摩尔定律方面的研究工作，支持百亿亿次计算，努力实现计算系统性能增强 100 倍的目标
	NIST	(1) 打造关键使能平台，推动新颖设备架构和计算平台的开发与测试。 (2) 针对未来计算技术的物理与材料特征，推进测量科学。 (3) 充分利用物理学、材料设计和测量工具等，解决 HPC 平台中潜在的逻辑、存储与系统问题。 (4) 针对下一代计算系统和网络的健壮性与安全性制定方法、标准和指南。 (5) 创建并评估量化技术，评估下一代计算系统结果的可靠度与不确定性
	NASA	协同设计百亿亿次计算系统
加强建模与仿真技术与数据分析计算技术的融合	DOD	促进先进高性能数据分析能力的设计与开发，支持软件和数据科学的生态系统，增强建模仿真与数据分析计算的技术基础的融合
	NSF	(1) 打造具备高互操作性、协作性和数据密集的 HPC 生态系统，支持 NSF 科学前沿，加大学术团体的参与度。

续表

五项战略发展目标	美国各政府机构	具体责任
加强建模与仿真技术与数据分析计算技术的融合	NSF	(2) 推进科学与工程前沿中的计算与数据应用、软件技术等
	NASA	促进模拟与数据分析计算的协同，支持 NASA 在地球与空间科学、航天研究和空间探索中的大数据与大计算应用
	NIH	引领计算方法、算法和可持续软件应用的开发，充分利用 NSCI 技术并推进生物医学研究
	NOAA	进一步利用大数据完成研究、建模及预测任务，为 NOAA 用户提供创新产品
未来 15 年，为未来 HPC 系统甚至后摩尔时代的计算系统研发开辟一条可行途径	NSF	(1) 探索多样化的科学难题与机遇，推进未来 HPC 机遇。 (2) 促进新颖设备和前沿技术的利用，满足前沿科学需求。 (3) 与其他机构合作，通过一系列基础研究项目实现 NSCI 目标
	IARPA	(1) 持续引领除标准半导体计算技术外的基础研究。 (2) 充分利用超导、量子、神经形态和机器学习方面的研究，有效部署数字化计算范式难以完成的应用。 (3) 投资于后摩尔定律技术，支持 NSCI 战略目标
	NIST	(1) 打造关键使能平台，推动新颖设备架构和计算平台的开发与测试。 (2) 针对未来计算技术的物理与材料特征，推进测量科学。 (3) 充分利用物理学、材料设计和测量工具等，解决 HPC 平台中潜在的逻辑、存储与系统问题。 (4) 针对下一代计算系统与网络的健壮性与安全性，制定方法、标准和指南。 (5) 创建并评估量化技术，评估下一代计算系统结果的可靠度与不确定性
	NASA	参与后摩尔定律研究，研究量子计算、纳米技术和其他相关技术

续表

五项战略发展目标	美国各政府机构	具体责任
实施整体方案，综合考虑联网技术、工作流、向下扩展、基础算法与软件、可访问性、劳动力发展等诸多因素的影响，提升可持续国家HPC生态系统的能力	DOE	最大化地利用百亿亿次级计算系统
	DOD	NSCI 计算环境使得 DOD 采购人员能解决科学与技术问题，满足任务需求
	NSF	(1) 支持广大用户团体的基础 HPC 培训，支持计算与数据科学家的职业生涯发展。 (2) 加强产业界与学术界的参与度。 (3) 支持广泛部署 NSCI 技术，提升 HPC 生态系统的容量与能力。 (4) 引领国内外合作，推动计算科学与工程的变革发展
	NASA	参与跨机构项目，协调优化国家 HPC 基础设施，在协作计算、大规模数据分析与可视化环境、大规模观测数据设施和健壮的全国网络中融入 NASA 的经验
	NIH	参与跨机构项目，协作开发 NSCI 技术和算法，引领计算方法、算法和可持续软件应用的研发
	NOAA	与 DOE、NSF 合作以升级 HPC 系统，持续投资于软件工程，提升数值模型的性能和可移植性，以更好地完成天气预报、气候研究和海岸研究等
创建一个可持续的公私合作关系，确保HPC研发的利益最大化，并实现美国政府、产业界、学术界间的利益共享	NSF	产业创新与合作伙伴部将通过小企业创新研究(small business innovation research, SBIR)、小企业技术转移项目(small business technology transfer, SBTT)、产业/高校合作研究中心、创新合作伙伴等推进产业创新和产学合作

5. 美国无线与宽带网络建设

宽带接入对于一个国家的全球竞争力而言至关重要。美国联邦通信委员会(Federal Communications Commission，FCC)于 2010 年 3 月 16 日公布“国家宽带计划”，这是美国第一项国家级宽带计划，此计划提出要在未来十年内实现六个目标：①让至少 1 亿个美国家庭负担得起下行速度不低于 100Mbps、上行速度不低于 50Mbps 的宽带服务；②美国将建成速度更快、分布更广泛的无线网络，在移动创新上领先；③让每个美国人都负担得起更好的宽带服务；④让每个美国社区都负担得起速度不低于 1Gbps 的宽带服务；⑤让每个先遣急救员都能使用可互操作的、安全的全国无线宽带网络，确保美国公众的安全；⑥让每个美国人都能够通过宽带来实时跟踪和管理他们的能源消耗情况，确保美国在清洁能源经济中的领导地位(FCC，2010)。

奥巴马于 2011 年 2 月启动“美国无线计划”，并于 2012 年 6 月发布 13616 号总统令——“加快宽带基础设施部署”。2013 年 9 月 16 日，美国白宫再次宣布若干新举措，以推进美国宽带基础设施的部署。这些举措包括发布一份执行 13616 号总统令的进展报告，以及推出互动映射地图、宽带项目平台等工具与资源(Whitehouse，2013)。此次推出的工具与资源包括以下几种。①互动映射地图，此全国性地图使承建商和社区能够确定如何在联邦政府的资产中部署高速互联网。比如此地图能帮助无线电行业确定可以放置商业天线以支持无线网络的联邦政府建筑物屋顶。它将包括宽带可用性数据、环境或历史信息、资产所处的位置和联系信息，以便于公司方便地获取更多信息。它将利用开放政府数据，以一种新的方式来显示相关信息，从而使承建商能够更轻松地利用联邦政府的资产来计划或扩展其网络。目前美国联邦政府拥有或管理着全国近 30%的土地和近 1 万幢房屋，这些资产为部署宽带基础设施提供了绝佳的途径。②“一次挖掘”指南，该指南包括最佳实践和相关政策，以帮助承建商根据街道建设的时间来调整其铺设宽带的安排，从而将在联邦道路上铺设网络的成本减少九成。③宽带库存工具包，其作为一个提供一站式服务的站点，使公司能够更轻松地获取不同联邦政府机构和州级机构有关使用其土地与资产的许可格式、租赁协议和其他联邦宽带申请文件。此外，针对在联邦政府资产上部署有线和无线设施的宽带服务提供商和公共安全机构，美国总务署正制定跨机构的通用格式与模板，以提供简化的业务文档。美国农业部也正拟定在线的电子申请表格以进一步简化流程。④宽带项目平台，未来数周内，美国将启动一个在线的宽带项目平台，其将位于交通部的“联邦基础设施项目许可仪表板”中，使各机构能够确定、加快重要宽带项目的建设，并公开其发展状况。

2015 年 1 月，奥巴马阐述了一项旨在加快美国宽带速度、降低宽带成本并促进经济发展的新计划(Whitehouse，2015)，主要内容包括以下几点。①终止阻碍宽带服务竞争的法律：奥巴马宣布支持宽带的地区化选择，反对那些限制社区选择的制度，刺激地区化宽带基础设施的扩展。白宫向美国联邦通信委员会发送信函，希望其放松相关限制，避免宽带发展遭遇阻碍。②扩大由地区领导发起的改善宽带服务国家行动：截至 2015 年 1 月中旬，已有 50 座城市代表 2000 万美国公民加入“下个世纪城市联盟”，该无党派网络旨在为城镇争取更快速的社区宽带。他们还加入由 37 所研究高校形成的“高校社区下一代创新项目”合作伙伴关系，旨在为校园周边社区争取更快速的宽带。2015 年 6 月，白宫举办社区宽带峰会，全国多位市长参会，以寻求促进宽带发展和复兴经济的解决方案。③宣布新计划以支持社区宽带项目：美国商务部正发起名为“宽带美国”的新计划，以促进宽带部署和利用。基于“宽带技术机遇项目”的已有知识经验，“宽带美国”计划将为社区提供在线和现场技术支持，在全国举办一系列区域研讨会，发布指南和工具，供社区解决宽带基础设施规划、财务、建设和运营等过程中面临的问题。④为农村供应商提供新的资助与贷款机会：农业部正接收“社区连接”宽带资助项目的申请，并将重新开放修订后的宽带贷款项目，那些为(宽带服务缺失或水平较低的)农村地区提供高速宽带服务的农村运营商将获得金融资助。⑤消除管制障碍并加大投资刺激：奥巴马呼吁联邦政府消除所有阻碍宽带建设和竞争的不必要的管制与政策，并成立新的宽带机遇委员会，使得各政府部门就加速宽带部署和促进公民利用达成一致目标。该委员会还针对“管制障碍、加强协作”等问题向公众征询意见。

2016 年 7 月，奥巴马政府宣布推出由 NSF 牵头、总投资额度超过 4 亿美元的“先进无线研究计划”，以赢取并维持在下一代移动技术领域的领先地位(Whitehouse，2016a)。这项新的计划将重点针对未来十年的先进无线研究，部署和应用四个城市规模的测试平台。根据该计划，NSF 和 20 多家技术企业与协会将共同投资 8500 万美元建设先进无线测试平台，而未来 7 年 NSF 还额外投资 3.5 亿美元支持利用这些测试平台的学术研究，此外，其他联邦机构也将做出相应规划和部署。这些平台以及由其支持的基础研究，将允许学术界、企业和无线行业测试与开发先进无线技术理念，并有望引发 5G 及超越 5G 的重大创新。DARPA 推出频谱合作挑战赛，旨在开发具备先进机器学习能力的无线电频谱。NSF 与 DARPA 合作，每年支持六支学生队伍参与该项挑战赛，并为他们提供培训和专家咨询。NIST 则宣布创建一个跨多学科的“下一代通信路线图”工作组，以确定与下一代通信系统和标准相关的关键差距和研发机遇。此外，NIST 支持的 5G 毫米波信道模型联盟将在室内环境中对信道进行测量、验证和比较。国家电信和信息管理局下属的电信科学研究所采取下列行动：①资助美国高校学生利用电信科学研究所与科罗拉多大学博尔德分校合作开发的频谱测试床开展无线频谱研究，以探索校园无线网建设、频谱共享和移动应用；②为其“可测量频谱占用数据库”额外增加新的联网传感器站点，从而增加频谱分析能力；③扩展其“城市与室内射频传播测试”运动，提供更多的数据来提升城市射频传播模型的精确度；④开展电磁兼容性分析，并对移动网络终端间可能存在的干扰进行实证检验。

2019 年 4 月，时任美国总统特朗普就美国 5G 部署发表讲话，并宣布几项旨在刺激美国 5G 网络发展的举措(Whitehouse，2019a)。特朗普表示，“5G 是一场美国必须赢得胜利的竞赛”，“伟大的公司已经参与其中，我们给予了他们所需的激励，我们将赢得竞赛。”特朗普还表示为了加速和激励 5G 投资，美国政府正在根据需要释放尽可能多的无线频谱。白宫同时发表声明称，美国已在全球 5G 竞赛中处于领先地位，特朗普总统在采取行动增强无线产业，确保美国赢得 5G 比赛。

6. 美国面向未来的新兴技术研发与规划

1) 量子信息科学开启全新技术前景

2016 年 7 月，美国政府公布美国家科学技术委员会(National Science and Technology Council，NSTC)《推进量子信息科学：国家挑战与机遇》(Whitehouse，2016b)。建议美国将量子信息科学作为政府投资的优先事项，呼吁政产研通力合作，确保美国在该领域的领导地位，增强国家安全与经济竞争力。

NSTC 报告指出，量子信息科学将开启测向和测量学、通信和模拟、量子计算等领域的全新技术前景。除了上述领域的技术发展与商业化应用，量子信息科学还能使人们更深入地理解自然世界和信息本质。量子信息科学被应用于诸多科学领域的实验和理论中，包括控制量子系统以实现精准测量，在生物和物理领域分别利用金刚石中的氮-空穴(nitrogen-vacancy)中心检测细胞内部和搜索暗物质，将量子纠缠、纠错、线路复杂性等量子信息概念用于理解时空以及探索黑洞等量子引力核心问题，量子信息的数学方法则越来越多地被用于解决算法、加密、纠错代码设计等经典计算机科学问题。

NSTC 建议美国打造政产研通力合作基础，采用全政府(all-of-government)方法推进量子信息科学研究。具体包括：确立稳定且持续的核心项目，准确地把握新机会，或及时重组以应对障碍；制定有针对性、有限期的战略投资计划，实现具体的、可衡量的目标；持续密切地监控美国联府量子信息科学领域投资所创造的成果，迅速调整项目并充分利用已有的技术突破。

2018 年 9 月，NSTC 发布“量子信息科学国家战略概述”(Whitehouse，2018)。白宫认为，量子信息科学将引领下一场技术革命，给国家安全、经济发展、基础科研等带来重大变革。该报告系统性地总结了量子信息科学带来的挑战、机遇，以及为维持和扩大美国在量子信息科学领域的领导地位应做出的努力。

2) 人工智能促多方应用获益

2016 年 10 月，美国政府发布“为未来人工智能做好准备”报告，主要阐述人工智能的发展现状、未来机遇、潜在问题，并针对美国政府、公共机构和公众提出 23 项具体建议措施(Whitehouse，2016c)。

报告指出，新一轮人工智能发展浪潮以及对相关技术的狂热始于 2010 年，主要归功于三大相辅相成的因素：①电商、传统企业、社交媒体、科学界和政府提供了可用的大数据；②大数据作为宝贵素材，为大幅改进机器学习方式和算法奠定基础；③计算机运算能力的大幅提升为大数据分析提供保障。近年来，人工智能的发展速度令人惊叹，例如，最先进的人工智能技术能使图像识别错误率从 2011 年的 26%降至 2015 年的 3.5%(人类的识别错误率约为 5%)。

美国一直处在人工智能基础研究的前沿，人工智能发展史中大多数阶段都有美国政府支持的身影。2015 年，美国政府在非机密人工智能领域投入研发资金约 11 亿美元，主要通过网络与信息技术研发委员会、国防高级研究计划局、国家科学基金会、国家卫生研究院、海军研究办公室和高级情报研究计划署等机构来支持研发。在白宫科学与技术办公室主办的所有人工智能相关研讨会和公共推广活动中，无论是业界领袖、技术专家还是经济学家，都向政府官员呼吁加大在人工智能技术研发方面的政府投入。报告进一步倡导美国政府应加强与人工智能业界、社会公众的协作，使人工智能成为经济增长与社会进步的重要推动力。

2016 年 10 月 12 日，美国政府发布“国家人工智能研发战略规划”，制定美国人工智能研发的整体框架以及七项优先战略，以期充分利用人工智能技术来增强国家经济实力并改善社会安全(Whitehouse，2016d)。

图 2-1 展示了美国“国家人工智能研发战略规划”制定的整体框架。底层模块是影响人工智能系统研发最根本的基础，涉及伦理/法律/社会影响、安全问题、标准与基准、数据集与环境、人工智能人才需求等(对应战略③～⑦)；中间模块表明发展人工智能所需要的长期投资领域(对应战略①)，以及需要人类与人工智能协作的领域(对应战略②)；顶层模块展示出能获益于人工智能发展的众多应用领域。

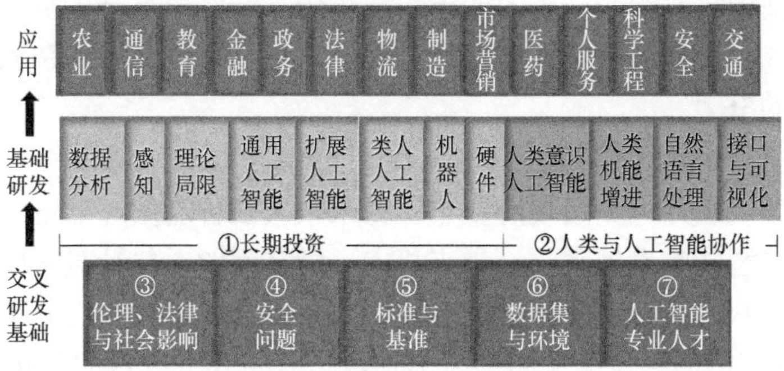

图 2-1　美国国家人工智能研发战略规划的整体框架

美国人工智能研发的七大战略规划如下。①对人工智能研发进行长期投资。针对人工智能的下一代重点技术进行持续投资，如：用于知识发现的先进数据驱动方法、增强人工智能系统的感知能力、了解人工智能的理论能力和局限、开展通用人工智能技术研究、开发可扩展的人工智能系统、促进类人人工智能研究、开发更可靠的机器人、改善硬件提升人工智能系统性能、开发适用于先进硬件的人工智能系统等，使美国保持在人工智能领域的世界领导者地位。②开发人机协作的有效方法。大部分人工智能系统将与人类合作以达到最佳绩效，而非代替人类。通过寻求具备人类感知能力的人工智能新算法、开发用于人类机能增进的人工智能技术、开发数据可视化和人机界面技术、开发更有效的自然语言处理系统等，实现人类和人工智能系统之间的有效交互。③理解和应对人工智能的伦理、法律和社会影响。研究理解人工智能的伦理、法律和社会影响，以期所有人工智能技术都能遵循与人类相同的正式与非正式道德标准。④确保人工智能系统的安全性。通过改进可解释性和透明度、建立信任、增强校验和验证、防攻击的安全策略、实现人工智能自演化中的安全性和价值一致性等，应对人工智能系统所存在的威胁，设计出可靠、可依赖、可信任的系统。⑤建立标准和基准评估人工智能技术。基于标准、基准、实验平台和社会参与，指导及评估人工智能的进展，具体工作包括：研制一系列人工智能标准、建立人工智能技术基准、提升人工智能实验平台的可用性等。⑥开发人工智能共享数据集和测试环境平台。公开数据资源的深度、质量和准确度将极大地影响人工智能的性能。研究人员需要开发高质量数据集和环境，具体包括：为多类型的人工智能应用开发充足的可用数据集、使培训和测试资源适应商业和公共利益、开发开源软件库和工具箱等。⑦更好地把握国家人工智能研发人才需求。人工智能的发展需要一支强劲的人工智能研究人员团体。要更好地了解目前和将来人工智能研发对人才的需要，以确保有足够的专家参与人工智能研发。

2019 年 2 月，特朗普签署行政令，启动“美国人工智能计划”(American AI Initiative)，旨在集中政府资源发展人工智能，促进美国的繁荣、加强美国的国家和经济安全，并改善美国人民的生活质量(Whitehouse，2019b)。不过，该行政令没有给出具体的 AI 发展时间表或实际目标，也没有指示国会为 AI 项目拨付任何新资金，而是要求联邦机构在提供资金和资源方面发挥主导作用。白宫官员表示，更详细的规划将在六个月内发布。

该计划包含五大重点领域。①投资 AI 研发。该计划要求各联邦机构将人工智能投资优先用于研发任务，维持美国对人工智能领域高回报、基础性研发的重点和长期强调。这些投资将加强并利用美国独特且充满活力的研发生态系统，并将联邦政府的 AI 开支优先用于可使美国人民直接受益的前沿理念。②释放数据资源。该计划要求联邦机构应面向美国 AI 研究人员和行业，加大联邦数据、模型和计算资源的开放力度，以促进公众信任，提高这些资源对上述人员的价值，同时保护公民安全、自由、隐私并维持保密。这将推动美国的 AI 研究走向技术突破，并促进科学发现、经济竞争力和国家安全。③制定 AI 管理标准。该计划要求联邦机构建立适用于不同技术类别和行业部门的 AI 开发和使用指南，促进公众对 AI 系统的信任。指南将帮助联邦监管机构发展和维持相关手段，安全、可靠地创建和采用新的 AI 技术。计划还要求 NIST 为可靠、稳健、安全、便携、可互操作的 AI 系统制定技术标准。④建设 AI 人才队伍。该计划要求联邦机构优先开设相关奖学金和培训项目，帮助美国劳动力获取人工智能相关技能。这一举措将有助于培养美国所需要的 AI 研发人才队伍。⑤打造国际环境并保护美国在 AI 领域的优势。特朗普政府致力于促进支持 AI 研发的国际环境，并为美国的 AI 行业开辟市场，同时确保相关技术开发符合美国的价值和利益。美国联邦机构也将制定和实施一项行动计划，保护美国相对战略竞争对手和敌人的技术优势。

2019 年 6 月，美国发布新版国家人工智能研发战略规划，对 2 月特朗普发布的启动美国人工智能计划的 13859 号行政令做出了响应。此次更新以 2016 年发布的首版“国家人工智能研发战略规划”为基础，保留了前七条战略，并新增了第八条战略，确立了美国 AI 研发投资的关键优先领域(Whitehouse，2019c)。八项战略包括：①对人工智能研究进行长期投资；②开发人机协作的有效方法；③理解和应对人工智能的伦理、法律和社会影响；④确保人工智能系统的安全性；⑤开发面向 AI 培训和测试的共享公共数据集和环境；⑥建立标准和基准评估人工智能技术；⑦更好地把握国家人工智能研发人才需求；⑧扩展公私合作以加速 AI 发展。

2.2 欧盟科研信息化战略规划与发展历程

2.2.1 1990～1999 年：欧盟科研网络基础设施铺垫阶段

1. 欧洲先进网络技术交付组织——DANTE

欧洲先进网络技术交付组织(Delivery of Advanced Network Technology to Europe，DANTE)是 1993 年成立的非营利性组织，作为欧洲委员会资助的大型项目的协调机构。该组织与欧洲国家研究和教育网络合作，计划为研究和教育机构建立和运行先进网络。1993～2001 年担任 DANTE 的总经理霍华德 · 戴维斯(Howard Davies)表示：“多年来，DANTE 一直在向人们展示像自己这样的小型机构是如何拥有高于大型机构的效率，借此体现自身所拥有的效能。从一开始，灵敏和创新的环境一直是 DANTE 成功的基础。”最能表现其灵敏性的一件事发生在 1994 年。在捷克布拉格举行的欧盟网络会议开始前几周，DANTE 为会议以及该国网络工程师们的培训课程提供互联网连接。捷克国家网络(CESnet)与 EuropaNet 之间有一条传输速度仅为 64Kbps 的网络，但由于几百名与会者都要使用网络，而且还有很多人要通过网络登录美国的网站，这样的传输速度远远无法满足人们的需求。因此，DANTE 建议 PTTT 电信公司在两周的时间中，将二者之间的传输速度临时升级到 512Kbps，以满足会议的需要。

1995 年，DANTE 推出首条连接 10 个国家的网络 EuropaNet2，该网络在 1996 年将跨洋传输能力从 3.5 Mbps 提升至 26 Mbps。1997 年，新一代泛欧网络 TEN34 为 13 个国家提供 34 Mbps 的传输能力。1998 年，TEN-155 为 15 个欧洲国家提供 155 Mbps 的网络数据传输能力。

2. 欧洲 1999“信息社会技术计划”

来自欧洲各国的信息专家、企业家和政府官员于 1999 年 11 月 22～24 日聚集在赫尔辛基，参加“1999 信息社会技术会议”，规划欧洲信息社会的未来。这次会议是欧洲联盟的“信息社会技术计划”的重要活动之一。为保证欧洲在信息社会到来之际发挥重要作用，欧盟制定了一系列与信息产业发展有关的计划。在“信息社会技术计划”之前，欧盟曾大力支持过多个研究计划，最著名的包括欧洲先进通信技术研究开发计划、欧洲信息技术研究发展战略计划以及先进通信技术与业务计划。“信息社会技术计划”的宗旨是要加速欧洲信息社会时代的到来。

欧盟在发起“信息社会技术计划”的决议上写道：“我们正在经历由工业社会向信息社会的根本性变革。欧洲的工业竞争力、就业、生活水平和增长的持续性将完全取决于欧洲能否在信息社会技术的开发和掌握上占据领先地位。”

欧洲著名的信息技术专家 Ray Hammond 认为，以电子方式传递的信息就是今天的产品。他表示：“今天追求越来越大的产品不需要重型机械来生产，也不需要庞大的交通工具来传输。它们完全是人类的想象力的产物，可通过电缆空中以光速传输。”

2.2.2　2000～2009 年：欧盟网络与计算并进发展阶段

1. 欧洲 DANTE 建设 GÉANT 学术主干网

GÉANT 是由欧盟和 30 个欧洲国家的学术网共同合作于 2000 年开始建设的泛欧洲学术主干网。GÉANT 由非营利组织 DANTE 负责规划、建设和运行。GÉANT2 是 2004 年开始建设的面向下一代互联网研究的新一代 GÉANT 主干网。从 2009 年 4 月开始 GÉANT 计划进入第 3 阶段

GÉANT3，将延续四年。GÉANT3 计划更强调开发与提供工具和服务，为科研教育团体提供最佳性能的 GÉANT 网络和世界一流的可靠服务。GÉANT3 计划意欲将用户群拓展到新的学科、项目和机构，联系起生命科学、空间计划、对地观测、气候研究、气象学、聚变研究、高性能数字计算和其他新兴项目，在更广泛学科领域内成为欧洲信息化基础设施的可靠服务组成。GÉANT 未来面临的挑战是要能支持百万兆级(即每秒进行 1018 次运算)运算，改善网络使用的便利性以增进全球合作，整合最新技术以支持未来互联网设计(刘莹等，2013)。

2. 欧洲网格计划(European Grid Initiative，EGI)

欧盟最早关于 e-Science 的研究计划始于 2000 年，欧盟委员会(简称“欧委会”)在第五研发框架计划(FP5)中第一次开始资助网格研究项目，主要集中在网格技术开发和网格应用实验。欧盟在 FP5 下总共资助了 24 个网格研究项目，资助总额达 5800 万欧元。欧盟在 2002～2006 年的第六研发框架计划(FP6)中加大了对网格研究项目的资助额度，FP6 下的网格研究注重技术推动和应用拉动，强调开发开放标准和利用开发资源。最近，欧盟进行了第七研发框架计划下信息化基础设施(e-Infrastructure)的第七次招标，其中用于 EGI 和服务部署两方面的预算经费合计为 2500 万欧元。欧盟认为网格将使整个欧洲地区的科研人员更好地分享知识和资源，真正支撑起欧洲研究领域(European Research Area, ERA)，并整合整个欧洲的世界一流的科技资本以增强欧洲的竞争力和生活质量。网格将是实现欧盟“里斯本战略”目标的关键技术。欧盟的 e-Science 计划大体来说可分为三个阶段，分别以三个网格项目为代表：欧洲数据网格(European Data Grid，EDG)、科研信息化网格(Enabling Grids for e-sciencE，EGEE)，以及 EGI。

3. 欧洲研究基础设施战略论坛与案例

欧洲研究基础设施战略论坛(European Strategy Forum on Research Infrastructure，ESFRI)始于 2002 年，由欧盟成员国和欧委会共同创建。ESFRI 的主要使命包括：支持欧洲研究基础设施政策制定连贯性和战略主导方针；促进多边举措，从而更好地利用和发展研究基础设施；建立欧洲研究基础设施路线图，促进这些设施的实施，并根据需要更新路线图；对后续 ESFRI 项目的实施情况进行跟踪等。科学研究基础设施指的是：在各自的学科领域内，如从社会学到天文学、从基因组学到纳米技术，支撑开展高水平科学研究的设施、资源和服务。比如，单个的大科学装置、特殊的栖息地、图书馆、数据库、生物档案、小型研究装置的整合、高速网络、数据基础设施、研究船、卫星和高空观测设施、海岸观测、望远镜、同步加速器、计算设施的联网，以及能够对更多研究组织提供基于技术和知识服务的基础设施中心。这些基础设施可以是“单一式”的(单个地区的单个资源，single-sited)、分布式的或虚拟的。这些关键的研究基础设施不仅有助于大的科学发现和技术开发，还能对吸引世界各地的有些研究人员，建立国家和世界范围内研究组织间的桥梁产生重要影响。

ESFRI 成功案例如下。

1) neuGrid：针对神经科学的分布式基础设施

neuGrid 项目旨在开发一个基于网格计算/云计算的全球影像实验室，以帮助研发抗阿尔茨海默病的药物。neuGrid 项目已经开发了核心的基础设施，用以开发在海量脑影像数据上的疾病标记器。核心的基于网格的程序集成进实用程序中，以帮助早期诊断和疾病标记器的研发。作为全面集成的准备步骤，该研究基础设施和北美两个类似的基础设施(美国的 LONI 和加拿大的 CBRAIN)的初始统一已经完成。美国和加拿大的资助机构已和欧委会协作共同协调开发一个基于网格计算/云计算的全球影像实验室。neuGrid 基础设施是迄今仅有的一个针对神经科学的分布式基础设施。

2) Instruct：欧洲的结构生物学研究枢纽

Instruct 项目是动态的、集成的、针对结构生物学的研究基础设施。它始建于 2008 年，目前已经成为一个出色的平台。通过该平台提供的尖端技术，结合领先的专业技术和开拓培训以支持先进的科学研究。Instruct 项目的领先在于它提供了针对结构生物学的一个集成平台。它旨在通过创造和推广新的开发和方法凝练结构生物学研究的质量，为欧洲结构生物学的研究提供战略领导。Instruct 项目提供了一个在线枢纽，使来自工业界和学术界的结构和细胞生物学家能够申请访问第一流的研究设施。参与的国家包括德国、法国、以色列、意大利、葡萄牙、荷兰和英国。设在英国的运维团队协调来自 Instruct 项目的 16 个分中心和 4 个关联中心的科研活动。这些中心提供了对尖端技术及知识的访问，鼓励对关键研究采用关联的方法。

3) SHARE：人口老龄化的研究资料库

SHARE 项目提供了开放和免费的数据服务，旨在帮助研究人员了解人口老龄化对欧洲社会的影响，从而帮助政策制定者针对健康、社会和经济做出政策决定。SHARE 帮助政策制定者了解诸如老龄化对公共财政、劳动力市场、收入分配及其家庭生活的影响。对 SHARE 数据的分析将帮助欧盟国家更有效地准备人口老龄化给他们的福利系统带来的挑战。

SHARE 项目于 2004 年启动，目前正在构造多学科、跨多个国家的针对健康、社会-经济状态、社会和家庭网络的数据集合。SHARE 已经和美国的“健康和退休调查”(Health and Retirement Survey，HRS)及英国的“英国老龄化纵向研究”(English Longitudinal Study of Ageing，ELSA)等项目组建立了紧密的合作关系；也与“韩国老龄化纵向研究”(The Korean Longitudinal Study on Health and Aging，KLoSHA)项目组建立合作关系(杨小渝，2018)。

4. 欧盟数据共享基础设施项目一览

欧盟信息基础设施咨询工作组(e-Infrastructure Reflection Group，e-IRG)成立于 2003 年 12 月，目前由 29 个欧洲国家的国家代表和欧盟代表组成，其任务是在政策、咨询和监督的层面，包括技术和管理问题，提出相关政策和管理模式的建议，以便在欧洲范围内经济和方便地共享信息化资源。

2007 年，欧盟科学基金会及德国研究基金会联合召开了“共享科学数据的共同责任”研讨会。其中，欧盟信息社会工作组领导卡洛斯 · 莫莱斯 · 皮埃斯(Carlos Morais Pires)介绍了欧盟支持数据共享的基础设施建设活动，提出欧盟科学数据共享基础设施主要由 FP7(2007～2013 年)能力建设项目机制中的 e-Infrastructure 支持。能力建设项目预算资助金额为 40 亿欧元(占 FP7 预算总资助金额的 8%)，其中 42.5%(即 17 亿欧元)将用于研究基础设施的建设，而 e-Infrastructure 金额约为 5.72 亿欧元。表 2-3 为若干欧盟基础设施项目的情况介绍。

表 2-3　欧盟基础设施项目一览

项目名称	主要内容
GENESI-DR(用于地球科学互操作的欧洲地面网络-数字知识库)	该项目旨在为欧洲及全球科学用户建立地球科学的数字知识库
Euro-VO AIDA(用于数据访问的欧洲虚拟天文台及天文基础设施)	通过网络观测基础设施、数据中心和技术中心等，在欧洲部署可操作的虚拟天文台

续表

项目名称	主要内容
METAFOR(用于气候建模数字知识库的通用元数据)	旨在开发通用信息模型以描述气候数据
NMDB(中子监测数据库)	旨在管理来自中子监测站的高分辨率数据(以测量宇宙射线变化)
IMPACT(通过协调和技术改善蛋白质注释)	旨在创建“InterPro”数据库，它能结合用以搜索基因组的大量资源和用于“蛋白质标签”的蛋白质组
DRIVER II(数字知识库基础设施)	实现现有机构知识库的网络化，以及出版物与相关实验或观测数据之间的连接
PARSE.Insight(欧洲科学记录的长期访问)	将制定路线图，重点关注用以支持长期科学记录保存的 e-Infrastructure 的细节部分

5. 欧洲先进计算合作(Partnership for Advanced Computing in Europe，PRACE)计划

欧盟投入巨资建设欧洲“高性能计算生态系统”，2007 年包括德国、英国、法国、意大利等 14 个欧洲国家的代表宣布将合作开展 PRACE 计划，大力发展先进的计算方法、算法，研制大型实际应用软件，以加速提高欧盟的高性能计算水平(陈志明，2012)。

2.2.3　2010～2019 年：欧盟新兴技术促科研信息化蓬勃发展

1. GÉANT 发布 2020 愿景报告

2011 年 10 月泛欧网络 GÉANT 的专家小组发布了最终的研究报告，总结了 GÉANT 在过去所取得的成绩和未来的发展潜力，分析了未来科研环境面临的挑战和机遇，为服务于 2020 年创新知识型社会的 GÉANT 提出了一个发展愿景和为实现该愿景应采取的行动建议。报告指出，作为服务于泛欧科研与教育团体的通信基础设施，目前 GÉANT 连接了 40 个国家，是欧洲研究人员开展 e-Science 的重要基础设施。但到 2020 年的创新知识型社会，GÉANT 服务的科研、创新和学习环境将发生重大变化，科研跨学科和受数据驱动的程度将日益增加。报告为 GÉANT 设定了 2020 发展愿景：到 2020 年，任何地点的人均可通过 GÉANT 这一通信基础设施与全球的同行合作，并可及时和无限制地获取任何资源，以进行知识的创造、创

新和学习。

能满足 GÉANT 2020 发展愿景的特定目标如下。

(1) 通过提供世界级的连接和服务，支持知识团体。GÉANT 2020 将为所有学科、所有级别的世界级科研与教育提供服务，并帮助新兴科学领域的新用户。为实现这一目标，必须对所有级别的网络(从校园网、本地网到泛欧和全球骨干网)提供适当的投入，以避免某些网络短板影响到网络整体功能。网络也应向具有服务功能的基础设施演变。它将以无处不在的虚拟资源为基础，演变为更丰富的网络。这些移动的多云环境更接近于学术网络的多域性。

(2) 支持欧洲科研团体向纵深发展，并向世界开放。这一目标包括：消除数据鸿沟，向世界开放和扩展用户。因此，欧洲应与其他地区的研究人员共同积极参与网络的创新和标准化活动，为全球科学工作提供有效的协作平台。最终网络应扩展至任何科研和学习团体，并提供任何公共服务功能。

(3) 通过持续创新保持 GÉANT 的先进性。网络应以创新为导向，关注技术创新、技术的创新利用以及服务提供方面的创新。各国的国家科研与教育网应成为未来技术的测试床，使科研人员紧跟市场。国家科研与教育网还应成为协调高等教育机构与商业联网服务(包括云服务)提供者的中介。另外资助机构应采取商业前采购措施，以促进欧洲产业界的技术和服务创新。

(4) 进行多方面的变革，以适应不断变化的环境。组织结构、商业模式、管理结构、资助体制、规章制度都需要与时俱进，要做到注重技术的灵活性，在进行新的规划的同时平衡现有的投资；提供可靠的原型测试和验证环境，积极参与全球的标准化合作；确保管理的透明和快速响应能力，并确保用户在网络管理中发挥更重要的作用；确保稳定可持续的资助机制；统一欧洲的规章制度，降低数据漫游的成本，为科研团体保留部分频谱等。

2. 泛欧科研基础设施与开放科学云

EGI 是一个国际性的合作机构，致力于通过整合数字功能、各界资源和专业知识为科学研究和基础设施创造并提供开放的解决方案。首要长期目标是使各个学科研究人员合作并实现计算/数据密集型科学研究和创新。

2012 年 3 月，EGI 发布战略规划草案，为使 EGI 成为网上欧洲研究区域的重要基石，该规划确定了 EGI 的发展愿景、使命和核心价值，提出需加强共享和协作、联合的云基础设施、虚拟研究环境、运行基础设施这四大战略投资领域的建设(EGI，2012)。

① 愿景：通过一个泛欧的科研基础设施来支持网上欧洲研究区域，该基础设施建立在多种可靠服务的开放联合基础上，可以提供对国家计算、存储和数据资源的统一访问。②使命：通过可靠和创新的信息与通信技术(information and communication technology, ICT)服务将所有学科的科研人员连接起来，以开展世界一流的合作研究。③核心价值：领先性、开放性(拥有透明的管理结构，整合所有利益相关方的观点和需求)、可靠性、创新性(将新技术变为生产力)。

在战略投资领域中的共享和协作方面，从短期来看，应加强对不同科研团体利用 EGI 的资源所产生的科学影响的宣传演示工作。应在全国范围内收集此类数据，并将这些数据汇总进行泛欧的广泛分析。从长期来看，一个成功的开放 EGI 生态系统需要平衡用于非运行和运行活动的经费。这些经费应通过资助以下活动来构建一个跨国的无边界的联合基础设施。①整合的欧洲信息化基础设施：欧盟已促进了 PRACE、DANTE 等不同欧洲信息化基础设施提供者之间的交流，但建立更加密切的组织联盟和服务提供联盟仍然是未来需要探讨的问题。那些希望利用这些服务的科研团体必须自己寻找每个服务提供者所提供的支持和服务。因此将所有欧洲信息化基础设施提供者针对科研团体的管理和运行方式整合起来，将极大地简化研究人员的访问，也更能提高单个资源中心的利用率。②通过规划和政策制定来支持管理功能。③对 EGI 中的新科研团体提供技术支持等。

在联合的云基础设施方面，虚拟化技术已通过私有云方式被许多资源中心采用，但就这些私有云如何被整合起来实现连续的使用，以获取不同资源提供者所提供的计算和存储能力这一问题，还没有形成清晰的模式。建立一个泛欧的联合的云基础设施日益重要。从长远来说，尽管 EGI-InSPIRE 项目有助于实现一个基本的联合的云基础设施，未来仍需要进一步投资开发相关的生态系统，包括以下几点。①对开源基础设施技术提供者的投入：随着生产基础设施的规模持续增长和提供服务的不断演变，在“基础设施平台”方面需要进一步的创新。比如为了利用 EGI 中的资源，更高级别的服务将越来越重要，其可通过为平台运营者提供自动化管理工具来优化联合云基础设施的利用。而用于联合 EGI 中私有云的服务也将帮助其他公共服务部门避免云供应商锁定的弊端。②对特定领域开源技术提供者的投入：不同科研团体的碎片式开发将导致工作的重复，因此需要新技术创新来避免这种碎片式发展。这些技术创新大多数将被整合进特定领域的团体平台或通用的合作平台(如联合身份认证、永久数据标识符)，可用于多个科研团体以促进合作和数据共享。

2015 年 9 月 EGI 战略报告阐述了其 2015～2020 年的发展策略和关键措施。

愿景：让所有学科的研究人员拥有简单、完整和开放的渠道来获取先进的数字功能、资源和专业知识，进行计算/数据密集型的科学研究和创新。

使命：通过整合各个研究机构和国家的数字能力、资源和专业知识来为科学和研究基础设施创造并提供开放的解决方案。

EGI 主要的目标群体：①进行计算/数据密集型科学研究的基础设施和研究团体；②研究部门通过获取数字能力或资源实现创新的中小企业和产业；③寻求研究政策制定建议以及支撑其执行的政策制定者。

EGI 服务目前集中在五个主要方面。①高通量的数据分析：保持现有高可靠性的高通量计算(high throughput compute, HTC)服务，并提高与 VREs 的集成。②整合云：巩固基础设施即服务(infrastructure as a service, IaaS)服务并提高可用性。采用可动态部署和操作的平台即服务(platform as a service, PaaS)平台。③整合开放数据处理：整合一个易于使用的通用平台，允许用户共享、发现和处理开放数据。该平台还允许连接现有的存储解决方案。④整合操作：整合操作工具、流程和服务，提高用户体验。向外部提供产品化的软件和服务。⑤机构驱动创新与支持：与关键用户机构一起共同建立专用能力中心的创新机制，共同实现新的解决方案并支持研究人员的工作。

战略目标如下。①整合数字能力、资源和专业知识。整合欧洲范围内国家和研究机构基础设施的计算集群、IaaS 云计算、存储、数据和其他类型的 ICT 资源，通过学科或技术领域来组织专家网络，形成可支持研究机构的专用能力中心。②实现跨机构的操作服务。为联盟成员提供授权操作服务，在联盟基础设施的基础上为研究机构提供操作服务。③共同实现和整合开放的、用户驱动的服务和解决方案。通过技术与解决方案的共同设计和开发，与研究机构和技术提供方一起实现创新。新技术能在联盟基础设施基础上提供解决方案，而开放的解决方案也意味着开放标准随时可用且便于重新使用。④成为计算/数据密集型科学值得信赖的顾问。向政策制定者提供专家意见，帮助他们形成各自国家或欧洲的发展政策。咨询研究机构并向他们提供高质量的技术服务或专业知识，以推进他们的研究进展。

2012 年 3 月，由领先的 IT 企业和三个欧洲大型研究中心——欧洲核子研究中心(European Center for Nuclear Research，CERN)、欧洲分子生物学实验室(European Molecular Biology Laboratory，EMBL)、欧洲空间局(European Space Agency, ESA)——组成的联盟宣布将合作建设一个欧洲云计算平台——“Helix Nebula 科学云”。该平台将为欧洲科学家极大的 IT 需求提供支持，并在实验阶段后向政府机构和企业开放。

2013 年 1 月底，欧委会发布“开放科学的开放基础设施：Horizon 2020 咨询报告”，提出了三方面的行动：建设一个开放、互操作、面向科学数据的信息化基础设施；通过支持开放科学政策来组织欧盟数据空间；鼓励个人参与数字科学的开放团体。

2015 年 1 月，EGI 宣布欧委会已通过 EGI-Engage 项目(全名为“加入面向开放科学共享的研究团体”)，旨在促进各国研究基础设施的开放共享。来自欧洲、美国和亚太地区的 43 家 EGI-Engage 项目合作伙伴共同制定用于开放科学共享的框架，为多领域研究人员提供获取数字化服务、数据和专业知识的便捷方式。

欧洲多家科学组织联合发布开放科学云战略愿景。2015 年 10 月，EGI、GÉANT、欧洲数据基础设施、欧洲研究图书馆协会和欧洲科研开放获取基础设施等五家科学组织联合发布了一份声明，就欧洲开放科学云的组织、可持续性与治理阐述了相应的战略愿景。开放科学云是欧委会单一数字市场战略的一个组成部分，旨在加强欧洲科研数据共享、数据管理和数据重用，带动创新与经济增长。该声明罗列了成功实现开放科学云的八个要素。

(1) 开放：设计、参与和使用的开放性是开放科学云的驱动原则。开放科学云的基础是开放获取，其将促进开放标准的开发与采用，创建没有人为障碍的协作环境，方便任一利益相关方的参与或资源共享。它将实现科研整个生命周期的可访问性、透明性和再现性。开放科学云具有灵活的开放设计，可以促进公私合作，将所有投资转化为经济增长。

(2) 公共资助与治理：由公共资助和治理的开放科学云将确保可持续性，并确保产出的驱动力是科学卓越性与社会需求而非利益。这一受公众利益驱动、青睐公私合作的“共享空间”(Commons)方案，将鼓励创新服务的开发，以造福于未来的开放科学，并确保长期、持久的资源维护。

(3) 以研究为中心：秉持灵活的协同设计与参与的精神，研究人员与研究团队(包括私营部门参与者)将被完全纳入开放科学云的设计之中，确保开发出能满足他们需求的服务。

(4) 综合性：开放科学云具有通用性，不针对某一特定学科或领域。它将促进跨学科与多学科科学研究，推动覆盖所有研究团队的创新和一体化知识创建，并利用科学和公众科学的长尾效应。

(5) 多样化与分布式：开放科学云将利用欧洲分布式信息化基础设施的多样性，促进针对基础设施和社区的 ICT 投资的更有效使用，填补数字差距，降低机构和研究人员使用基础设施的门槛。

(6) 互操作：通过采用面向所有资源和数字服务的通用标准与协议，开放科学云将实现面向科研的网络、数据、计算系统、软件、工具与服务的无缝连接。

(7) 服务导向：开放科学云将以协议为中心并以服务为导向，它将提供针对整个科研生命周期的服务，包括数据采集、管理、分析、共享与发现。开放科学云将成为用于创新方法和服务的框架和测试环境，进一步推动开放科学环境中的研究。

(8) 社会化：开放科学云将是一次连接多样化社区、推动人际网络发展的社会-技术努力。通过采用基于社区的规则与流程，提供针对共享与负责任使用的激励机制，它将实现知识共享并促进开放科学实践融入研究人员的日常工作流程。这将需要在地区性、国家性、国际性计划组成的生态系统中，开展咨询、推广、宣传、培训和支持等活动。

2017 年 10 月，欧委会正式发布“欧洲开放科学云(European Open Science Cloud，EOSC)宣言”及相应的行动清单(European Commission，2017a)。宣言指出，EOSC 的实施是一个过程而非项目，是一个基于不断学习和相互调整的循环过程，6 月举行的 EOSC 峰会标志着 EOSC 的开始。宣言提议所有的 EOSC 利益相关方致力于达成以下目标并积极支持相关能力的实现。

(1) 数据文化与可发现、可访问、可互操作和可再利用(findable, accessible, interoperable, reusable, FAIR)数据。

欧洲科学必须根植于数据管理的共同文化之中，科研数据是科研的重要产出，在整个科研周期及科研后都应得到合适的管理。欧洲的所有科研人员必须乐于访问以 FAIR 数据原则为支柱的开放、有效和跨学科的科研数据环境。应在欧盟全境提供与科研数据管理和数据科学有关的必要技能和教育，使其成为高等教育、培训体系和行业最佳实践的一部分。在这方面，大学协会、科研机构、科研图书馆和其他教育中介发挥着重要作用，但他们需要欧委会和各成员国的大力支持。对科研数据共享给予奖励至关重要，实施 FAIR 原则必须务实且保持技术上的中立，涵盖可发现性、可获取性、可互操作性、可再利用性四个维度。EOSC 必须以用于开放科研数据的全球标准，以及用于 EOSE 基础服务的标准为基础，这些标准(技术、语义、法律和组织)需要将长期可持续性和本地实施的自由结合在一起。可信的科研数据仓库在现代科学中起着关键作用，认证机制需根据商定的流程落实，认证机构需保证经认证的数据仓库随时更新和可访问。数据管理规划(data management plan，DMP)是卓越数据管理的关键要素，应强制要求所有产生或收集公共资助科研数据的科研项目使用 DMP。就技术实现而言，科研人员需要工具使数据遵循 FAIR 原则，这些工具包括：引用系统、通用目录、引用层、FAIR 工具和服务。

(2) 科研数据服务和架构。

EOSC 将作为服务科学家需求的数据基础设施公地得到发展，它应同时提供面向社区的通用功能和本地服务。EOSC 将联合国家数据中心、欧洲信息化基础设施和科研设施的现有资源，并根据地方-中央的权力自主原则提供服务。泛欧资源、组件和项目将根据客观标准进行联合。EOSC 应鼓励对现有组块、先进服务和解决方案的再利用，用户应将 EOSC 视为一站式商店来查询、访问和使用来自多个学科和平台的科研数据与服务。科研数据基础设施、信息化基础设施及商业运营商将根据用户需求开发与提供服务。EOSC 应支持 IaaS、PaaS、软件即使用(software as a service, SaaS)等不同的部署模式，以满足在科研数据服务提供与使用方面成熟度各不相同的社区的需求。EOSC 应促进具体领域开发的开放数据基础设施的协调和逐步联合。EOSC 应为企业和创新性中小企业创建一个公平的竞争环境，帮助他们开发，以及与公共资助机构协同开发面向科研人员的增值服务。

(3) 治理与资助。

长期、可持续的欧洲科研基础设施需要一个建立在信任和不断提升的成熟度基础上的强大且灵活的治理模式，治理模式需要具备代表性、恰当性、责任性、包容性和透明性。EOSC 治理框架应包含体制、运营和咨询三个主要层面，治理委员会将负责协调签署 EOSC 宣言的利益相关方的工作。随着时间的推移，将会建立一个面向 EOSC 的混合了不同收入流的共同投资机制，以加强治理问责制、建立信任、共享资源和塑造欧洲科研数据的长期能力。

2018 年 3 月，欧委会通过了 EOSC 实施路线图，在此前一系列磋商的基础上，该路线图提出了一种可能的 EOSC 模式，描述了一种泛欧的数据基础设施联合，可以帮助用户访问广泛的公共资助的服务，这些服务由各个国家、地区和机构提供，也是商业化服务的补充。该模式包括六条行动路线(European Commission，2018a)。

(1) 架构：EOSC 将是现有及规划中的科研数据基础设施的联合，通过施加软覆盖层连接这些设施，使它们作为一个无缝的欧洲科研数据基础设施运行。联合的架构可以解决当前科研数据基础设施碎片化且互操作性缺乏的问题。资源的联合应循序渐进。

(2) 数据：采取通用的数据语言，确保能根据 FAIR 原则进行跨境/跨学科的数据管理。应采取进一步的措施促进欧洲科研数据管理专业实践的发展。特别需要：在欧盟科学家与创新者间营造更好的科研数据管理与实践技能氛围；开发 FAIR 数据工具、规范、目录与标准，以及供应侧服务；通过面向开放数据的一致的 FAIR 数据授权和激励机制，刺激对 FAIR 数据的需求。

(3) 服务：EOSC 可能需要为欧洲研究人员提供五种主要类型的服务，而这些服务目前因受限于学科环境、国境等因素，只提供给特定的科学团体，EOSC 应实现跨学科跨境的各种服务提供。五类服务包括：独特的身份识别和认证服务以及面向 EOSC 资源的接入点和路由系统；受保护、个性化的工作环境；访问相关的服务信息与具体指南；通过合适的数据集与数据服务目录查询、访问、再利用和分析他人提供的科研数据；使自己的数据符合 FAIR 规则，存储这些数据并确保其长期被保存。

(4) 访问与接口：与仅提供单一接入点相比，让用户有权选择从不同的接入点访问 EOSC 服务，确保从传统的科研数据系统平稳过渡至 EOSC 的方式更好。EOSC 的接入点应类似但不必完全相同，且通常应包含一个基于 Web 的用户接口或前端，并能根据特定用户团体的特定需求和环境定制。此外还应包含一个建于 EOSC 中心项目之上并能进一步开发的通用平台。

(5) 规则：与大规模科学基础设施的多利益相关方治理模式相一致，参与规则的制定将让 EOSC 受益匪浅。这些规则应具备透明性和包容性，规定参与该计划的不同利益相关方的权利、义务和职责。这些规则应解决以下问题：工具、规范、目录、标准及可用方法的使用；EOSC 交易的监管原则；可用的法律框架。此外，这些规则应根据不同 EOSC 参与者的成熟度、职责、地理位置随机应变。

(6) 治理：EOSC 需要制定一个恰当的治理框架，EOSC 试点项目(EOSCpilot)已经为该框架打下了基础。EOSC 治理框架应支持包括战略、实施、监控、汇报等在内的明确定义的功能。EOSC 的治理可以分为两阶段开展，第一阶段的治理主要是对 EOSC 的初期进展进行督导，主要由各成员国和欧委会领导；第二阶段应根据对第一阶段的评估，对 EOSC 的初期运行和进一步发展进行审查。这一阶段更多地由利益相关方驱动，而各成员国和欧委会承担更高一级的监督职责。

2018 年 11 月 EOSC 正式启动，EOSC 门户汇集了关于 EOSC 项目的最新信息，包括最佳做法、治理与用例，为用户提供数据、服务与资源访问。EOSC 项目是欧委会 2016 年提出的欧洲云计划的一个重要组成部分，其将联合欧洲现有的分布式科学数据基础设施，打造一个开放、无缝访问的虚拟环境，为 170 万欧洲科研人员及 7000 万各领域的专业人士提供跨境、跨领域的科研数据存储、管理、分析与再利用服务。

为支持 EOSC 的建设，欧委会通过“地平线 2020”(Horizon 2020)计划资助了三个项目。其中，EOSCpilot 是试点项目，属于 EOSC 第一阶段，将通过各利益相关方的参与与合作，提出治理框架与策略，并在几个科学领域开发互操作性试点项目；EOSC-hub 项目将汇集多家服务提供商来创建一个中心，为欧洲科研人员与创新者发现、访问、使用和再利用广泛的资源开展先进数据驱动型研究提供一个单一的联络点；eInfraCentral 项目是欧洲信息化基础设施服务与资源标准化目录,便于用户更轻松地发现和访问相关服务于资源，也便于服务提供商根据科研人员的期望提供其服务。

3. 欧洲大数据与开放数据计划

1) 欧盟公私合作投资 25 亿欧元发展大数据

2014 年 10 月，欧委会联合欧洲数据行业发起合作伙伴计划，拟投资 25 亿欧元促进大数据行业发展。这项公私合作伙伴计划从 2015 年 1 月 1

日正式启动，并从 2016 年起启动一批项目。在 2016～2020 年，欧委会将利用“地平线 2020”科研项目向该合作伙伴计划投资逾 5 亿欧元，而私营行业合作伙伴的投资将超过 20 亿欧元。欧委会指出，这一合作关系将有助于推动在能源、制造业和医疗保健等行业产生一些颠覆性的大数据理念，比如提供个性化医疗和预测分析服务等，增强欧洲地区在大数据领域的实力，并为未来发展数据驱动型经济打下基础。欧委会强调发展大数据有望帮助欧洲供应商在全球数据市场占据多达 30%的份额，到 2020 年前在欧洲新增约 10 万个与数据相关的工作岗位，减少 10%的能源消耗等。

2) 欧委会启动开放数据中心门户

2012 年 12 月底，欧委会启动了 beta 版的“开放数据中心”门户。该门户是 2011 年 12 月欧盟开放数据战略所提三项举措的首项举措。该数据门户包括欧委会的 5811 个数据库，其中 5634 个数据库来自欧盟统计局 Eurostat，数据库包括地理、统计、气象数据，以及来自公共资金研究项目的数据和数字化图书等。公众可免费浏览、下载和利用这些数据，用于分析及开发创新服务等。此外，该门户还提供对欧盟其他组织与政府机构的数据的访问。该门户涉及透明度、开放政府以及创新，并致力于促进和建立欧洲的数据文化。数据发布机构、应用程序开发人员和公众还能利用由语义技术所实现的新功能。门户网站页面还列出了利用这些门户数据的应用程序，旨在帮助互联网用户理解这些原始数据，从中获得新的观点和知识。目前该门户提供两个可视化应用程序：支持利用统计数据创建高度个性化的图表的 CubeViz，以及支持在地图上显示相关地理数据的 SemMap。

4. 高性能计算计划与战略研究议程

1) 欧洲启动 PRACE 计划

2010 年 6 月，投资数亿欧元、有 20 个国家参与、连接多台超级计算机、每秒计算速度将达百万兆次的 PRACE 计划在西班牙巴塞罗那启动(张金江，2010)。德国、法国、意大利、西班牙作为主要成员国，将在未来五年内各投资 1 亿欧元，欧委会将出资 7000 万欧元，奥地利等其他 16 个参与该计划的欧洲国家也会投入一定的人力和财力，以建立一个连接欧洲各种计算资源的基础设施，增强欧洲的超级计算能力。

2) 欧盟 PlanetHPC 计划发布“通过高性能计算推动科研和创新的战略”

2011 年 11 月底，欧盟第七框架计划资助的“PlanetHPC”计划发布了“通过高性能计算推动科研和创新的战略”(European Commission，2011)。报告指出，目前美国、中国、日本等国均投入巨资支持 HPC，如果欧洲要保持其经济竞争力，HPC 应作为欧洲的一项重要技术，获得更多资助。报告分析了 HPC 开发面临的技术、应用挑战和阻碍 HPC 解决方案被快速有效利用的因素，指出欧洲必须启动一个长期研发项目来克服这些挑战，并提出了该项目必须优先关注的若干领域以及必须立即采取的行动，以促进欧洲 HPC 市场的发展。

3) 欧盟推出高性能计算发展计划

2012 年 2 月，欧委会发布了一份有关高性能计算的通讯，强调了高性能计算对欧盟创新能力的战略意义，呼吁各成员国、产业和科学界与委员会共同努力，确保欧盟在 2020 年取得 HPC 系统与服务供应和应用方面的领导地位。通讯从管理、资助力度、商业前采购机制、进一步发展欧洲 HPC 生态系统等方面提出了欧盟 HPC 的发展计划，准备将欧盟对 HPC 的年投资额从 6.3 亿提高至 12 亿。2017 年 3 月，德国、葡萄牙、法国、西班牙、意大利、卢森堡、荷兰七个欧盟成员国在罗马就 HPC 合作框架共同签署了一份声明，旨在携手研发一个集成的世界级 HPC 基础设施，其可以联合欧洲数据与网络基础设施来提升欧洲的科学水平和产业竞争力。该合作框架计划被命名为欧洲高性能计算(EuroHPC)，旨在采购和部署一个集成的百亿亿次超算基础设施，以供欧盟科学团体及公私合作伙伴使用。计划开发的百亿亿次超算基础设施将满足科学团体日益增长的需求，并将寻求合适的途径和条件开放给产业界和公共部门的用户使用，确保最好地使用该超算设施以建立科学领先地位和创新的、具备竞争力的产业。

4) ETP4HPC 与欧盟高性能计算战略研究议程

2015 年 11 月，欧洲高性能计算技术平台(European Technology Platform for HPC, ETP4HPC)发布 2015 年版 HPC 战略研究议程(Strategic Research Agent, SRA)，旨在提出欧洲百亿亿次计算的路线图(European Commission，2015c)。ETP4HPC 是欧盟为促进 HPC 技术发展于 2012 年 6 月设立的以产业界为主导的开放平台，旨在明确欧洲 HPC 技术生态系统的研发优先项，制定并持续更新战略研究议程，代表欧洲产业界同欧委会和其他国家政府展开对话。ETP4HPC 由 15 家会员组成指导委员会，包括五家研究中心、三家欧洲中小企业、五家欧洲控股公司和两家在欧洲拥有研发业务的国际公司。ETP4HPC 在法国、德国、意大利、西班牙和荷兰设置了虚拟办公室，主要负责战略研究议程的编辑工作、支持日常通信和管理，并完成指导委员会分派的任务。

欧洲 HPC 生态系统(图 2-2)已步入快速发展阶段,其中 ETP4HPC 负责提供技术支持，PRACE 提供研究基础设施，计算应用卓越中心(Center of Excellence，CoE)提供应用专家意见。

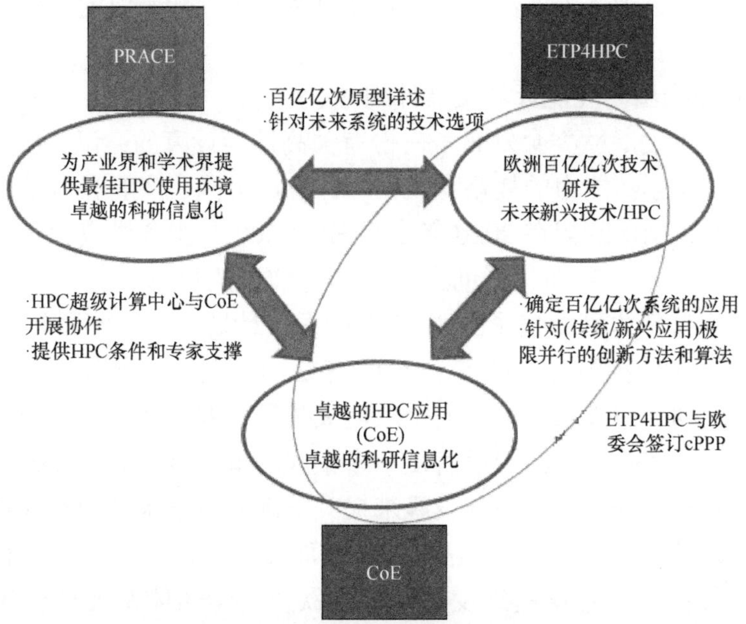

图 2-2　欧洲 HPC 生态系统

ETP4HPC 在欧洲 HPC 生态系统中发挥着“研发新技术、提升社会经济效益、协调机构与项目间合作”等多重关键作用。2013 年 12 月，ETP4HPC 与欧委会签订合同制公私伙伴关系(Contractual Public-Private Partnership, cPPP)，欧盟“地平线 2020”计划对 HPC 投资 7 亿欧元，而 ETP4HPC 也将提供匹配研发资金。2015 年 9 月，ETP4HPC 与 PRACE 联合启动为期 30 个月的“欧洲极限数据与计算行动计划”(European Extreme Data and Computing Initiative, EXDCI)，以促进欧洲 HPC 生态系统中关键机构和项目之间的合作。

2015 年版 SRA 提出 HPC 技术研发四维度(图 2-3)，具体包括：①新技术研发，为更广泛的 HPC 市场提供更多具备竞争性和创新性的 HPC 系统；②通过为新技术提供增强的、合适的特性，解决极限规模需求；③开发新的 HPC 应用，包括复杂系统(如电网)控制、云模型、大数据等；④通过 HPC 技能培训和服务支撑，提升 HPC 解决方案的可用性。

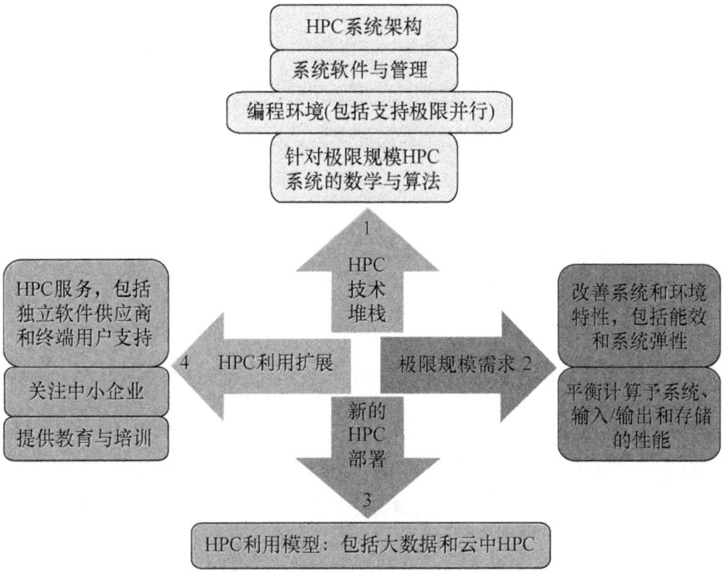

图 2-3　HPC 技术研发四维度

该议程保留了原有的六大重点领域：HPC 系统架构和组件，节能和弹性，编程环境，系统软件和管理，大数据和 HPC 利用模型，输入/输出与存储性能。此外，议程提出了新的技术领域和新的概念。新的技术领域是指针对极限 HPC 系统的数学与算法，其对于确保未来架构和技术的有效利用以及算法到系统层面的可扩展性而言十分重要。新的概念是指极限规模演示器，旨在把分散的研发成果整合为 HPC 系统原型，验证新开发技术的可用性和可扩展性，提升“地平线 2020”计划中 HPC 项目的效用。

5) 欧盟投资 10 亿欧元建设世界级超算基础设施

2018 年 9 月，欧盟竞争力委员会通过了建立 EuroHPC 联合执行体的新法规，这是一个新的合法资助机构，旨在汇集欧洲 25 国的资源，建立超级计算和数据基础措施，支持学术界、企业和产业界的研究和创新，帮助欧洲公私用户更好地利用超级计算提高竞争力和促进创新。EuroHPC 联合执行体于 2018 年 11 月正式运行，直至 2026 年底，其对确保欧盟在数据经济方面的竞争力和独立性至关重要。EuroHPC 联合执行体将获得 10 亿欧元的经费预算，其中一半由欧盟承担，一半由参与各国承担。其他参与的私营部门还额外提供价值 4 亿欧元的资源。该联合执行体的活动主要包括两个方面：①泛欧超级计算基础设施，在欧盟购买和部署两台跻身世界前五的超级计算机，至少部署两台排名前 25 的超级计算机，为欧洲的公共和私人用户提供服务；②研究与创新，支持欧洲超级计算生态系统的发展，促进技术供应业发展，并在诸多应用领域为用户提供超级计算资源。欧委会提议向 EuroHPC 联合执行体投资 27 亿欧元，加强欧洲的超算与数据处理能力。

6) 欧盟建设十家 HPC CoE 和八家超算中心

2019 年 6 月，欧盟启动十家面向 HPC 的 CoE 建设工程，以促进即将出现的百亿亿次计算和极限性能计算的使用，并扩展现有的并行代码使其适应百亿亿次性能(European Commission，2019)。这些 HPC 卓越中心还通过专业培训提升目标科学领域在计算科学方面的技能，促进产业界和学术界对先进 HPC 的使用。针对应用既有机制、用户驱动开发、面向 HPC 的性能工具和编程模型，以及真实系统的协同设计活动，汇集世界级的知识与技能。这十家新的 HPC CoE 分别是：BioExcel-2——欧洲双分子研究卓越中心(BioExcel)；ChEESE——固态地球研究中的百亿亿次计算卓越中心；CompBioMed2——专注于生物医学应用计算方法的使用和开发的卓越中心；EoCoE-II——以能源为导向的卓越中心；ESiWACE2——欧洲天气和气候模拟卓越中心；EXCELLERAT——欧洲工程应用卓越中心；FocusCoE——专门为欧盟 HPC 生态系统与 EuroHPC 联合执行体的成功提供支持的欧洲卓越中心；HiDALGO——旨在验证与理解关于全球挑战及其基本参数的卓越中心；MaX——针对百亿亿次规模材料设计的欧洲卓越中心；POP2——针对性能优化与生产力的卓越中心。

7) 欧盟“开放科学云”环境建设

2016 年 4 月，欧委会出台产业数字化新规划，其中包括向云计划投资 67 亿欧元，为欧盟 170 万研究人员和 7000 万科学技术专业人员提供“开放科学云”环境，用以存储、共享和再利用跨学科和跨边界的数据(张志勤，2016)。2016～2020 年间，欧盟“地平线 2020”计划为云计划提供 20 亿欧元的启动资金，额外 47 亿欧元将由欧盟结构与投资基金、成员国公共财政和私人行业等投资筹集。欧盟及其成员国是目前世界科学数据的最大生产者，但数据基础设施的不足和碎片化导致欧盟很难抓住“大数据”革命创造的机遇。欧盟云计算行动计划主要由相互关联的两大部分组成：①欧盟开放科学云系列行动，致力于为欧盟 170 万科研人员和 7000 万从事科技创新活动的在职人员创造一个共同的虚拟在线环境，存储、共享和再利用跨境跨行业跨学科的科研信息数据；②欧盟大数据基础设施行动，致力于在欧盟范围内全面部署必要的高速宽带网络、大规模数据存储便利设施和高性能计算能力，确保欧盟云计算大型数据集的有效处理和高效访问。

5. 欧盟无线与宽带网络建设

1) 欧委会投资 92 亿欧元部署宽带网络

欧委会提出一项议案，在 2014～2020 年间投资近 92 亿欧元用于为欧洲公民和企业提供高速宽带网络及相关服务的泛欧项目。该投资是“连接欧洲设施”(Connecting Europe Facility，CEF)计划的一部分，将采取权益和债务证券及补助相结合的形式。其中至少 70 亿欧元将用于高速宽带基础设施建设；而剩余的数字基础设施资金将支持公共利益数字服务基础设施，如电子医疗记录、电子身份认证和电子采购。

2) 欧盟计划通过无线频谱的共享促进无线创新

2012 年 9 月，欧盟发布题为《促进无线频谱在欧盟内部市场的共享利用》的通讯文件，拟利用无线技术来实现无线频谱的共享利用，从而应对移动和无线数据流量的日益增长。无线频谱是具有极高价值且日益稀少的资源。它越来越广泛地被多个行业的多种应用所利用，是实现无线宽带的前提条件。

6. 欧盟面向未来的新兴技术研发与规划

1) 欧盟推出新的量子技术联合资助计划 QuantERA

2016 年 11 月，欧委会公布量子技术领域一项新的联合资助计划 QuantERA，其资助总额逾 3700 万欧元(European Commission，2016b)。来自 26 个国家的 32 家机构组成了 QuantERA 计划的网络，波兰国家科学中心负责协调该计划。QuantERA 联合资助计划在科学层面将重点关注量子技术的尖端科技以及发展量子技术潜能的现有挑战。尽管目前招标项目的主题范围尚待敲定，但大致领域将涉及利用量子纠缠、不可克隆、叠加等现象，以实现新的或根本性的功能提升；精准分析量子使能技术或量子增强技术相比于其他传统范式选项的优势；探索量子技术在科学、产业和社会中的重大潜能。除项目招标外，QuantERA 计划开展一系列活动以促进研究团体之间的合作，创建和维护学术界与产业界的关系，开发针对量子技术研究与创新的工具套件，交流最佳实践，并组织政策制定者围绕未来资助手段展开对话。

2) 欧盟正式启动量子技术旗舰计划

2018 年 10 月，在欧盟理事会举行的一场高端活动中，总经费高达 10 亿欧元的量子技术旗舰计划正式启动。该计划的长期愿景是在欧洲建设一个量子通信网络，通过量子通信网络连接起所有的量子计算机、模拟器与传感器。该旗舰计划分为五个主要的研究领域开展：量子通信、量子计算、量子模拟、量子计量和传感、基础科学。前三年(2018 年 10 月～2021 年 9 月)为计划初始阶段，通过“地平线 2020”计划拨出 1.32 亿欧元，为 20 个项目提供支持。2021 年以后，预期将再资助 130 个项目，以覆盖从基础研究到产业化的整条两字价值链，并将研究人员与量子技术产业汇集到一起。

3) 欧盟发布人工智能行动计划

2018 年 4 月，欧委会向欧洲议会、欧盟理事会、欧洲理事会、欧洲经济与社会委员会及地区委员会提交了题为《欧盟人工智能》报告，描述了欧盟在国际 AI 竞争中的地位，并制定了欧盟 AI 行动计划，提出三大目标。①增强欧盟的技术与产业能力，推进 AI 应用。欧盟需要增进投资，以加强基础研究、实现科学突破，升级 AI 科研基础设施，开发针对医疗、交通等关键部门的 AI 应用，促进 AI 的应用及数据的获取(European Commission，2018b)。同时，通过公私合作增加 AI 研发投资，到 2020 年整个欧盟的投资至少应达到 200 亿欧元，并在接下来十年里每年投资尽力超过 200 亿欧元。②为迎接社会经济变革做好准备。欧洲创新与技术研究所将整合 AI 课程，为开发欧洲 AI 人才池做出贡献。下一个多年框架计划中，将加强对先进数字技能(包括 AI 技能)采购的支持。③确立合适的伦理和法律框架。

4) 欧盟斥资 92 亿欧元打造“数字欧洲”

2018 年 6 月，欧委会公布 2021～2027 年欧盟长期预算草案里的系列提议，其中包括制定有史以来第一个“数字欧洲”计划，并向其拨款 92 亿欧元，用于超级计算机、人工智能、网络安全等领域的投资。

(1) 超级计算机。

“数字欧洲”计划中，将拨款 27 亿欧元，用于加强欧洲的超级计算和数据处理能力，这对于医疗保健、可再生能源、汽车安全、网络安全等众多领域的发展至关重要。该项投资致力于在 2022～2023 年前部署世界级 E 级(百亿亿次级)超级计算机和数据基础设施，并在 2026～2027 年前部署超 E 级设备。

(2) 人工智能。

投资 25 亿欧元推动人工智能技术在欧洲的推广应用。2018 年 4 月，欧盟提出《欧盟人工智能》计划，旨在增加对人工智能的投资、最大程度地利用该技术，并制定恰当的伦理和法律框架。“数字欧洲”计划将为成员国的公共机构和企业提供人工智能测试和实验设施等的使用机会。同时，通过“地平线欧洲”计划增加在研究和创新方面的投资，以确保欧盟始终位于人工智能科学技术发展的前沿位置。欧委会提议开发可供所有公民使用的通用“欧洲图书馆”算法，以帮助公共和私营部门识别、获取其所需的解决方案。欧盟将建设数字创新中心，并通过该中心放开人工智能产业数据空间的开放平台和访问权限，为小型企业和创业者提供测试设施和知识。

(3) 网络安全与信托。

2017 年 9 月，欧盟提出一系列网络安全措施；2018 年 5 月 25 日，欧盟《通用数据保护条例》正式开始生效。在此背景下，“数字欧洲”计划将投入 20 亿欧元用于欧盟的网络安全建设，促进欧盟的网络防御、网络安全产业发展、资助网络安全设备与基础设施、发展必要技能与知识等，以保障欧盟的数字经济、社会与民主发展。

(4) 数字技能。

投资 7 亿欧元用于确保当前和未来的劳动力有机会接受长期和短期培训课程以及在职培训。数字创新中心将推出特定项目，帮助中小型企业及公共部门人员学习所需的先进数字技能，把握超级计算、人工智能和网络安全等领域发展所提供的新机会。

(5) 确保数字技术在全欧盟经济与社会中的应用。

投资 13 亿欧元用于确保公共行政和公共服务的数字化转型及其在欧盟范围内的互操作性，促进所有企业特别是中小企业获得技术。“数字欧洲”计划资助建设数字创新中心网络，确保其覆盖整个欧洲。数字创新中心是当今数字化欧洲产业战略的关键要素之一，将为中小企业及公共部门提供一站式服务，使其能够运用专业技术及实验设施，以及数字化转型项目的商业案例。

2.3 中国科研信息化规划与发展

2.3.1 中国科研信息化的发展历程

科研信息化是科研与管理现代化的必由之路，是提高创新能力和国际竞争能力的关键所在，是提升国家科技竞争力的重要抓手，是提升国家战略性产业能力的重要手段，是促使科研方式转变、提高科研效率和产出的有力抓手(央广网，2018)。面对方兴未艾的信息化浪潮和日益激烈的科技竞争，我国科研信息化从 1994 年开始起步，经过艰难的准备阶段和起步阶段，在多年的酝酿和发展后，全面迎来跨越发展的阶段。从科研信息化的发展程度来看，中国科研信息化已经大致经历了四个阶段，即准备阶段、起步阶段、发展阶段和跨越阶段。

1. 准备阶段(1994～2002 年)

1994～2002 年是我国科研信息化的准备阶段。在这一阶段中，中国实现了科研网络和超级计算机的建设，为科研信息化准备了必要的基础条件。

1) 科研网络建设

1989 年，中国的改革开放进入了第二个十年。美国在计算机网络领域已经经过了二十年的发展，信息技术和信息产业成为促进美国经济发展的引擎。相比之下，我国科研人员还不得不通过传统邮政和邮电服务与国际同行进行交流，无法及时获取国际科技资料和最新成果。在信息化时代的大背景和我国科技与教育工作者对建设计算机网络的迫切需求形势下，当时的国家计委提出由中科院主持，联合北京大学、清华大学共同实施中关村地区教育与科研示范网络项目——“中国国家计算和网络设施”(National Computing and Networking Facility of China，NCFC)(中科院计算机网络信息中心，2014)。

1994 年 4 月，该建设项目完成了 NCFC 主干网建设和中国科学院院网(Chinese Academy of Sciences network，CASnet)、北京大学校园网(Peking

University network，PUnet)和清华大学校园网(Tsinghua University network，TUnet)三个单位园区网络建设，覆盖了中科院中关村地区附近的 40 多个研究所；部署和运行了 64 亿次浮点计算能力的超级计算机资源。更重要的是，NCFC 项目衍生了计划外的重大成果——在当时国家计委的补助资金支持下，中科院计算机网络信息中心到美国加州 64Kbps 卫星专线的开通，首次实现了我国与互联网的全功能连接，全面开启了我国的互联网时代。

1995 年 12 月，中科院百所联网工程完成。1996 年 2 月，中科院在 NCFC 和 CASnet 的基础上，以服务科研信息化为定位和发展方向，建设中国科技网(China Science and Technology Network，CSTNET)。1997 年 5 月，CSTNET 与法国国家科学与教育网的 64Kbps 专线开通，同年 6 月 27 日，CSTNET 与美国因特网的 2Mbps 国际信道开通，7 月，CSTNET 国内用户间的高速卫星网开通。至此，CSTNET 网络通信资源建设迈进了一个新阶段。

2) 超级计算机建设

我国的超级计算机研制起步于 20 世纪 50 年代。进入 70 年代，我国对于超级计算机的需求日益激增，中长期天气预报、模拟风洞实验、三维地震数据处理、新武器的开发和航天事业都对计算能力提出了新的要求。我国自 80 年代末主要从事大规模并行处理机结构系统及工作站集群系统的研制(陈卓等，2017)。

1992 年开始，我国超级计算机的研发速度明显加快。1995 年 5 月 11 日，“曙光 1000”大规模并行计算机系统，国内首台大规模并行处理机结构并行机研制成功。这是继“银河Ⅰ”与“曙光-Ⅰ”之后，中国高性能计算机研制方面又一新的里程碑(人民网，2009)。其峰值速度每秒 25 亿次浮点运算，实际运算速度每秒 15.8 亿次。1996 年 8 月，拥有每秒 64 亿次浮点计算能力的 SGI 超级计算机在中科院计算机网络信息中心投入运行，CSTNET 计算能力达到了国际先进水平。

1997 年 6 月 19 日，“银河-Ⅲ”百亿次巨型计算机系统由国防科技大学研制成功。这个系统综合技术达到了当前国际先进水平，峰值性能为每秒 130 亿次浮点运算，系统综合技术达到 20 世纪 90 年代中期国际先进水平，标志着我国高性能巨型机研制技术取得新突破(人民网，2003)。

国家智能机中心与曙光公司于 1997～1999 年先后在市场上推出具有集群结构的“曙光 1000A”“曙光 2000-Ⅰ”“曙光 2000-Ⅱ”等超级服务器，

峰值计算速度已突破每秒 1000 亿次浮点运算，机器规模已超过 160 个处理机。2000 年，曙光公司又推出每秒浮点运算速度 3000 亿次的“曙光 3000”超级服务器。

2. 起步阶段(2003～2009 年)

2003～2009 年是我国科研信息化的起步阶段。在这一阶段中，我国出台了一系列的建设项目和发展战略，中科院也率先开始实施 e-Science 工程，科研信息化各方面工作稳步开展。

1) 国家科技基础条件平台建设

2004 年 9 月 14 日，国务院办公厅签发《2004—2010 年国家科技基础条件平台建设纲要》(以下简称《纲要》)，提出国家科技基础条件平台建设是充分运用信息、网络等现代技术，对科技基础条件资源进行的战略重组和系统优化，以促进全社会科技资源高效配置和综合利用，提高科技创新能力(科技部，2007)。《纲要》的建设目标是，制定并颁布平台建设的总体规划，完成若干重点领域和区域科技基础条件资源的整合，实施一批对推动科技创新具有重要意义、能够有效带动资源共享的试点、示范工程，初步形成以共享为核心的制度框架，构建重要科技基础条件资源信息平台。到 2010 年，初步建成适应科技创新需求和科技发展需要的科技基础条件支撑体系，以共享机制为核心的管理制度，与平台建设和发展相适应的专业化人才队伍和研究服务机构。为最终形成布局合理、功能完善、体系健全、共享高效的国家科技基础条件平台奠定基础。

平台的建设重点包括：研究实验基地和大型科学仪器、设备共享平台，自然科技资源共享平台，科学数据共享平台，科技文献共享平台，成果转化公共服务平台，网络科技环境平台。

“十一五”期间，科技部、财政部会同有关部门落实《纲要》，组织实施了 42 项基础条件共享平台建设项目，累计投入经费近 30 亿元，在科研设施与仪器、科学数据和信息、生物种质和实验材料等领域，初步建成了一批国家科技基础条件共享平台。

2) 863 计划“高效能计算机及网格服务环境”重大项目

2007 年 3 月，863 计划“高效能计算机及网格服务环境”重大项目启动。该项目的总目标是在“十一五”期间研制成功具有自主关键技术，计算能力达到每秒千万亿次浮点计算的高效能计算机，使我国高性能计算机的研究、制造水平达到世界第三。突破资源共享和协同工作的关键技术，基于国产高效能计算机，支撑信息化重要应用，使我国网格技术及应用达到世界先进水平(科技部，2007)。

3) “中国国家网格”(China National Grid，CNGrid)项目

2002 年 4 月，国家 863 计划“高性能计算机及其核心软件”重大专项启动，研制了面向网格的、能有效而广泛地支持科学工程计算、网络信息服务、事务处理等应用的万亿次级高性能计算机系统，支持聚合了高性能计算和事务处理能力的新一代信息基础设施测试平台，即 CNGrid。与国际其他网格相比，CNGrid 具有自己显著的特点。美、欧的网格主要支持科学研究，中国国家网格不仅支持科学研究，而且强调对多领域应用的支持。CNGrid 以分布在中科院计算机网络信息中心(北方主结点)、上海超级计算中心(南方主结点)、清华大学、北京应用物理与计算数学研究所、山东大学、中国科技大学、西安交通大学、华中科技大学、中科院深圳先进技术研究院、香港大学的全国 10 个网格结点以及一个 IBM CELL 结点为主体构成，集成了分布在全国 8 个省市 10 个网格结点上的计算、存储、软件和应用服务等多种资源。依托国家网格环境开发和集成了 100 多个工具软件和应用软件，向全国的科学研究用户和行业用户提供了开放共享的高性能计算和数据处理等多种服务，为我国的科学研究和信息化建设提供了新型的环境和平台。

4)《2006—2020 年国家信息化发展战略》

2006 年 5 月 8 日，中央办公厅、国务院办公厅印发《2006—2020 年国家信息化发展战略》，指出要加快教育科研信息化步伐(新华社，2009)。提升基础教育、高等教育和职业教育信息化水平，持续推进农村现代远程教育，实现优质教育资源共享，促进教育均衡发展。构建终身教育体系，发展多层次、交互式网络教育培训体系，方便公民自主学习。建立并完善全国教育与科研基础条件网络平台，提高教育与科研设备网络化利用水平，推动教育与科研资源的共享。

3. 发展阶段(2010～2015 年)

2010～2015 年是我国科研信息化的发展阶段。在这一阶段中，我国基础设施建设能力加速发展，超级计算机连续保持世界第一，各学科领域的科研信息化应用也在不断深化。

1) 多项信息化战略规划出台

2012 年 7 月，国务院印发《“十二五”国家战略性新兴产业发展规划》，明确了新一代信息技术等七大重点产业发展方向和二十个重大工程项目。其中在“新一代信息技术产业”方向加快建设宽带、融合、安全、泛在的下一代信息网络，突破超高速光纤与无线通信、物联网、云计算、数字虚拟、先进半导体和新型显示等新一代信息技术，推进信息技术创新、新兴应用拓展和网络建设的互动结合，创新产业组织模式，提高新型装备保障水平，培育新兴服务业态，增强国际竞争能力，带动我国信息产业实现由大到强的转变(国务院，2012)。

2013 年 2 月，国务院印发《中国国家重大科技基础设施建设中长期规划(2012—2030)》，指出设施的建设和运行为科学前沿探索和国家重大科技任务开展提供了重要支撑，推动我国粒子物理、核物理、生命科学等领域部分前沿方向的科研水平进入国际先进行列。未来 20 年，瞄准科技前沿研究和国家重大战略需求，根据重大科技基础设施发展的国际趋势和国内基础，以能源、生命、地球系统与环境、材料、粒子物理和核物理、空间和天文、工程技术等七个科学领域为重点，从预研、新建、推进和提升四个层面逐步完善重大科技基础设施体系(国务院，2013)。

2013 年 8 月 17 日，国务院发布了“宽带中国”战略实施方案，部署未来八年宽带发展目标及路径。“宽带中国”提出建设下一代互联网商用工程。实施 IPv4 向 IPv6 的网络改造和应用迁移；推进网络、网站同步改造，实现骨干网和主要商业网站、教育科研网站、政府网站全面支持 IPv6，全面部署 IPv6 安全防护系统。加快下一代互联网关键网络设备、应用软件、终端产品的产业化升级(工信部，2013)。

2014 年 2 月，中央网络安全和信息化领导小组宣告成立，更是标志着我国对信息化建设的重视，展示了我国保障网络安全、推动信息化发展的决心。

2) 超级计算机连续保持世界第一

我国超级计算机发展经过一段时间的积累，达到了世界领先水平。2010 年 11 月，中国首台千万亿次超级计算机系统“天河一号”在全球超级计算机 500 强(简称“500 强”)榜单①中排名首位，使我国成为继美国之

① 500 强榜单始于 1993 年，是对全球已安装的超级计算机“排座次”的知名排行榜，由美国与德国超算专家联合编制，500 强榜单每半年发布一次。

后世界上第二个能够自主研制千万亿次超级计算机的国家，开启了我国超级计算机榜首之路。“天河一号”超级计算机由国防科技大学与滨海新区于2010年9月联合研制成功，采用中央处理器(central processing unit，CPU)和图形处理器(graphics processing unit，GPU)相结合的异构融合计算体系结构，其测试运算速度可以达到每秒 2570 万亿次。排名第三的超级计算机是我国深圳国家超级计算中心的“星云”，其运算性能为每秒 1270 万亿次。2013 年 7 月，“天河 2A”再夺 500 强首位，峰值计算速度达到每秒 5.49 亿亿次、持续计算速度每秒 3.39 亿亿次双精度浮点运算。自此后至 2015 年 11 月，“天河 2A”一直稳居榜首，比第二名美国“泰坦”快近一倍的速度。

4. 跨越阶段(2016 年至今)

2016 年至今是我国科研信息化的跨越阶段。2016 年《国家信息化发展战略纲要》颁布，首次提出“加快科研信息化”，标志着我国科研信息化进入跨越发展阶段。

1) 科研信息化顶层设计趋于完善

2016 年 7 月，国务院发布《国家信息化发展战略纲要》(国务院，2016a)，首次将科研信息化纳入其中，提出“要加强科研信息化管理，构建公开透明的国家科研资源管理和项目评价机制。建设覆盖全国、资源共享的科研信息化基础设施，提升科研信息服务水平。加快科研手段数字化进程，构建网络协同的科研模式，推动科研资源共享与跨地区合作，促进科技创新方式转变”。该纲要从国家层面对科研信息化的工作形成了方向性指导，打破了之前中国长久以来在科研信息化方面缺乏顶层的局面。我国科研信息化进入了跨越发展阶段。

2016 年年底，国务院印发《“十三五”国家信息化规划》，提出了十二项优先行动，其中包括“应用基础设施建设行动”和“数据资源共享开放行动”，指出要统筹规划全国数据中心建设布局，提升云计算资源创新能力，建设基于云计算的国家科研信息化基础设施，打造“中国科技云”，构建全国信息资源共享体系、规范数据共享开放管理(国务院，2016b)。

2018 年 4 月，国务院办公厅印发《科学数据管理办法》，提出“进一步加强和规范科学数据管理，保障科学数据安全，提高开放共享水平，更好地为国家科技创新、经济社会发展和国家安全提供支撑”；明确了中国科学数据管理的总体原则、主要职责、数据采集汇交与保存、共享利用、保密与安全等方面内容。该管理办法是对科研信息化中重要组成部分——科学数据的方方面面进行了总体设计，对于开放共享和科技创新具有非常重要的意义(中国信息网，2018)。

2) 高性能计算加速发展

2016 年，使用我国自主芯片制造的“神威 · 太湖之光”取代此前已六连冠的“天河二号”登上榜首，我国超级计算机上榜总数量也有史以来首次超过美国名列第一。2018 年，中国超算虽然失去了第一和第二位，但超算上榜总数仍居第一，数量比上期进一步增加，所占比例达 45.4%，且在排名榜单前十中占据两席。2018 年 10 月，中科曙光获批牵头，联合多家产业上下游企业、科研院所和知名高校共同组建国家先进计算产业创新中心。2018 年 11 月，国家“十三五”高性能计算专项课题三个 E 级超算的原型机系统——“神威”E 级原型机、“天河三号”E 级原型机和曙光 E 级原型机系统全部完成交付。

3) 高速科研网络发展稳步向前，但仍存在差距

我国高速网络发展稳步向前，“新一代宽带无线移动通信网”专项是《国家中长期科学和技术发展规划纲要(2006—2020 年)》中确定的 16 个重大科技专项之一，目标是研制具有海量通信能力的新一代宽带蜂窝移动通信系统、低成本广泛覆盖的宽带无线通信接入系统、近短距离无线互联系统与传感器网络。在专项的推动下，我国移动通信技术已实现了 1G 空白、2G 跟随、3G 突破、4G 同步、5G 领跑的过程。未来 5G 网络的发展将给科研信息化带来更加丰富的数据和应用场景。

得益于科研网络资源倾斜性支持政策的扶持，发达国家的高速科研专用网络传输能力和传输速度不断大幅提升。美国 Internet2 和欧盟的泛欧科研教育网均朝着太比特级网络冲刺。近年来，我国在科研网络的传输能力、速度和部署范围上稳步发展，但与发达国家仍存在差距。同时，这种差距还体现在 IPv6 的部署和使用上。我国目前 IPv6 的发展远远落后于欧美发达国家。根据亚太互联网信息中心实验室 2019 年公布的数据显示，全球 IPv6 用户渗透率超过 10%的国家有 33 个，其中比利时、印度的 IPv6 占比超过 50%，美国、德国超过 40%，而中国在不断推动部署 IPv6，至 2018 年用户占比虽上升为 2.22%，但与发达国家仍有很大的差距(APNIC Labs，2019)。

4) 优秀科研信息化应用案例获国际肯定

与美国和日本相比，我国的高性能计算应用水平相对滞后，除了 2013 年由国防科技大学参与的地震波模拟应用曾经入围之外，在 2016 年之前尚没有任何入围和获奖的记录。我国的超级计算机已经先后多次问鼎 500 强榜首，而科研信息化的应用仍是短板。近年来，在相关部门持续、大力的支持下，我国科研信息化应用案例逐渐脱颖而出，获得国际肯定。2016 年，中科院软件所的“千万核可扩展大气动力学全隐式模拟”首次获得“戈登 · 贝尔”奖。该奖有“超算应用诺奖”之称，该奖的获得标志着我国科研人员正将超级计算的速度优势转化为应用优势。2017 年，由清华大学与山东大学、南方科技大学、中国科学技术大学、国家并行计算机工程技术研究中心和国家超级计算无锡中心等共同完成的“非线性地震模拟”获得“戈登 · 贝尔”奖，我国科研团队第二次获得该奖。

2.3.2　中科院科研信息化发展

中科院的科研信息化工作在国内起步较早，1978 年成立计算中心，1980 年发送第一封电子邮件，1994 年与清华大学、北京大学三家联合一起共建的 NCFC，成功接入互联网，奠定了科研信息化的发展基础。e-Science 概念提出后，中科院也很早跟进了科研信息化这一概念。从“九五”开始，中科院单独把信息化规划作为一个单独的专项开展，“九五”到“十三五”，连续五个五年一直在做这方面的工作推进：2006～2010 年“十一五”规划提出“建设数字化中科院”；“十二五”规划提出“建设信息化中科院”；“十三五”规划提出“建设智慧中科院”。

1. 中科院“十一五”规划——建设数字中科院

“十一五”期间，为满足知识创新工程的迫切需求，中科院制定了“十一五”信息化发展规划。主要工作可以概括为“三五三”，即优化三大环境、构建五大平台、完善三大体系，初步建成互联互通、安全便捷的数字化中科院。

“十一五”信息化期间的阶段目标为：信息化支撑中科院科技创新活动的作用开始凸显，数字化中科院的雏形基本形成。其中，数据资源网格与超级计算网格基本形成，资源整合度得到显著提升，计算网格的聚合计算能力达到 150 万亿次左右；网络环境进一步优化，带宽与覆盖面得到明显改善，60余个重点野外台站以及重大科研设施全部实现联网；e-Science建设取得突破，网络化协同工作环境基本成形，3～5个e-Science示范项目取得明显成效，信息化促推“科技创新基地建设不走传统行政管理老路”的作用开始显现；中科院资源规划项目(Academia Resource Planning，ARP)成为中科院运行管理的基本平台，功能日趋完善，态势分析与监控能力得到提升，应用效果日益明显等等。

“十一五”信息化发展具体成效包括：①以互联网络、超级计算机和数据应用为核心，着力加强整体环境建设，大力提升应用和服务水平，信息化基础设施能力有了大幅提高；②坚持从科技创新的应用需求出发，部署实施的14个科研信息示范应用项目取得显著成效，为突破传统科研模式，提升科技创新能力提供了宝贵经验；③坚持以管理创新带动信息化，以信息化促进管理变革，组织实施一批管理信息化项目，对提升科研管理效率，扩大中科院影响力起到了重要作用，应用服务水平居国内前列；④大力推进信息化体制机制改革，加强组织支撑、制度规范和安全保障三大体系建设，为构建高效有序的信息化组织指挥体系，形成良好的信息化工作氛围打下基础(中国政府网，2011)。

2. 中科院“十二五”规划——建设信息中科院

中科院“十二五”信息化发展的原则是：统筹规划，前瞻布局；需求导向，制度保障；整合集成，深化应用；共建共享，引领发展。发展思路是：紧密结合“创新2020”发展战略的布局，立足“科技海”的需求，以信息化推动科技创新，以科技创新牵引信息化，突出抓应用、抓服务、抓安全，以实际应用带动能力建设，实现“海-云”服务环境，为建设信息化中科院迈出关键和坚实的一步，见图2-4。

“十二五”期间信息化工作主要可以概括为“围绕一个目标、抓住两条主线、形成三类云集、提升四种能力、实现五大转变和实施六项工程”。

(1) 围绕一个目标：面向“创新2020”发展战略，建设开放共享、功效一流、安全可靠的信息化环境，促进信息化与科技和管理创新活动的深度融合，引领我国科研信息化发展，逐步建成信息化中科院，为中科院实现创新跨越提供有力支撑。

(2) 抓住两条主线：紧密结合创新2020”发展战略的需求，围绕国家科技战略布局，抓住科研信息化和管理信息化两条主线，全面、深入地开展信息化建设和应用。

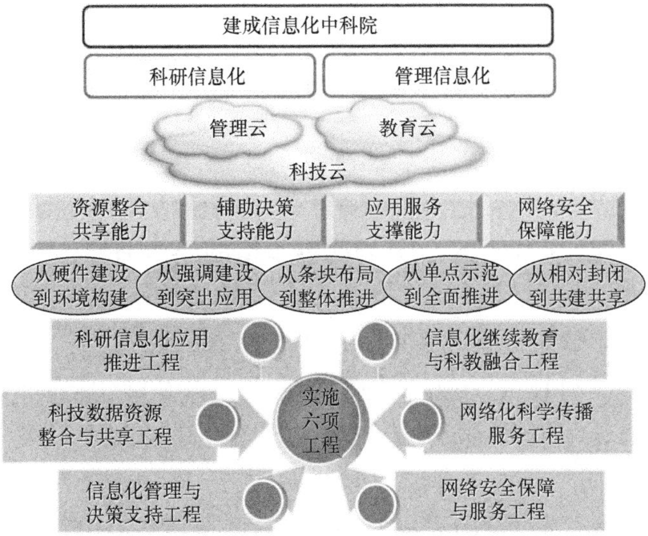

图 2-4　中科院“十二五”信息化发展规划

(3) 形成三类云集：面向全院“科技海”用户群体，充分利用自主创新信息技术，形成面向全国、支撑科技创新的开放共享科技公有云——中科蓝云(CAS blue cloud)，形成服务管理创新的安全高效管理私有云——中科绿云(CAS green cloud)，形成培养创新人才的方便快捷教育混合云——中科红云(CAS red cloud)，服务不同层面及范围的用户，为科研、管理与教育活动提供高效实用、安全便捷的信息化环境。

(4) 提升四种能力：着力提升资源整合共享、应用服务支撑、辅助决策支持、网络安全保障四种基础能力。

(5) 实现五大转变：不断创新体制机制，提升信息化发展理念，加速实现从硬件建设到环境构建、从强调建设到突出应用、从条块布局到整体推进、从单点示范到全面推进、从相对封闭到共建共享等五个方面的转变。

(6) 实施六项工程：真抓实干，务求实效，组织实施科研信息化应用推进、科技数据资源整合与共享、信息化管理与决策支持、信息化继续教育与科教融合、网络化科学传播服务、网络安全保障与服务等六项工程。具体包括：①科研信息化应用推进工程；②科技数据资源整合与共享工程；③信息化管理与决策支持工程；④信息化继续教育与科教融合工程；⑤网络化科学传播服务工程；⑥网络安全保障与服务工程。

3. 中科院“十三五”规划——建设智慧中科院

中科院“十三五”信息化发展规划的总体目标是：面向国家创新发展战略和中科院“率先行动”计划，显著提升全院资源共享开放水平、信息化支撑服务水平、信息化应用水平。

“十三五”信息化发展规划的总体原则有：①应用导向，准确及时把握信息化用户需求的基础上，以服务于一线科研活动为导向；②服务率先，紧紧围绕中科院“率先行动”计划改革举措的战略部署；③开放共享，实现中科院各类信息化资源及科技创新资源的无缝整合及共享；④机制创新，建立“科学规范，运行有效，服务创新，保障有力”的体制机制。

打造“中国科技云”、发展科学大数据，以及深化科研信息化应用是中科院“十三五”信息化发展规划的主要内容。

1) 整合优质资源，打造“中国科技云”

在“十二五”发展的基础上，面向我国科技创新，建设国家科研信息化基础设施，以深度整合中科院优势信息化资源为抓手，形成全国乃至全球信息化资源及科技资源汇聚能力，打造“中国科技云”，面向全国科技工作者提供资源统一调度和用户自助服务，共享各类创新资源。

“中国科技云”以中科院优势科技基础设施为基础，利用新一代信息技术，深度整合我国乃至全球信息化基础设施、实验条件、软件平台、数据文献等科技资源，构建顶层设计、统一管理、开放共享的综合云服务平台，面向国家科技创新，面向中国科技界提供科技资源和信息服务。

2) 契合国家战略，发展科学大数据

站在国家战略的高度和科技创新的前沿，把握前瞻性和科学性，充分利用中科院科研信息化建设形成的优势环境，推动科学大数据发展，推动国家科学大数据中心建设，为国家大数据发展行动提供原动力，实现中科院在科学大数据发展过程中的引领地位。

科学大数据应用服务将基于“中国科技云”研发部署的用于大数据管理、调度和处理的平台，为大数据的相关研发、分析方法、技术测试和应用服务提供基础环境。科学大数据应用服务示范是科学大数据中心支撑、发展的典型成果，突出大数据技术研发与应用取得的重要成效。

3) 配合创新布局，深化科研信息化应用

利用信息化技术、基础设施和应用服务，为中科院科研活动提供新方法、新途径和新环境，推进科技创新与信息化的融合，支撑重大创新，引领各学科信息化应用的可持续发展，促进科研模式的变革，显著提升中科院科研信息化的应用水平。围绕中科院四类机构改革及科技创新的布局，着力从“三个维度”深化中科院科研信息化应用。

4. 中科院科研信息化发展重要成果

1) 中国科技网全面提速

自 1994 年科技网开通以来，科技网为中科院广大科研及管理工作者提供了优质的网络服务。2010 年，中国科技网已经有六条骨干信道扩容至 2.5Gbps 信道，与国内外互联网高速互联，国内总带宽达到 8Gbps，国际商业互联网出口带宽达到 1522Mbps，覆盖全国近 30 个省(直辖市、自治区)，连接了中科院 139 家单位、一大批科学装置和野外台站，以及 100 多家院外单位。参与建设的国际科研网络中美俄环球科教网络(Global Ring Network for Advanced Applications Development，GLORIAD)的后续项目 GLORIADTaj，大幅提升了美国与中国及北欧地区的网络带宽。在香港建立了开放交换节点，即中国科技网香港交换节点(Hong Kong Open Exchange Portal，HKOEP)，使香港成为亚太地区互联网的汇聚中心和国际互联网在亚太地区的交换中心。参加了中国下一代互联网(China’s Next Generation Internet，CNGI)示范工程项目，建设七个 CNGI 核心网节点和 103 个 CNGI 科研机构驻地网，开展示范应用。中国科技网经过 CNGI 核心网、驻地网工程建设，全面支持 IPv4 和 IPv6 双栈接入，并与中国教育网 IPv6 高速互联。

中国科技网还在多个重大社会事件中提供了网络支持和保障，包括在 2008 年汶川地震后，为中科院抗震救灾工作提供全面的网络保障及技术支持，辅助紧急搭建了唐家山堰塞湖数据专网，为国家领导人进行实时监控和部署救灾工作提供了技术保障等。到 2017 年，网络覆盖全国 30 余个省(直辖市、自治区)，拥有网络用户 100 余万户，涵盖 13 家地区科技网分中心，通过三大电信运营商高速网络互联，核心骨干网达 100Gbps，与北美、欧洲、亚太地区的国际线路出口合计带宽达到 52Gbps。中国科技网继续发挥着“对内承载科研信息传输与应用服务、对外拓展信息资源共享与合作”的支撑作用，在整网基础网络服务能力建设、战略性的香港开放交换节点建设、网间互联互通建设和应对无线技术趋势的新服务四个维度上展现了新的进展。中国科技网为广大用户提供互联网接入、国际国内网络互联服务、互联网数据中心、网络管理与安全服务等丰富多彩的服务，为国家科学技术的创新发展提供基础性的信息化支撑与保障。

2) 大幅提升高性能计算能力

2003 年，在中科院率先装备了峰值为每秒 5.3 万亿次的超级计算机及其配套的存储设备和可视化环境，研制开发了一系列基础并行计算软件包，形成了支撑中科院高性能科学计算的平台，面向全院提供超级计算服务。该系统正式运行以来，重点支持了中科院的知识创新试点工程、973 计划、863 计划和国家自然科学基金等应用项目，取得了一批重要成果，推动了中科院的科学计算应用发展。2010 年，超级计算环境在全院初步形成了总中心、地区分中心和所级中心三层架构，提供的通用 CPU 加专用 GPU 聚合计算能力已经达到 6200 万亿次以上。其中，顶层的总中心 CPU 聚合计算能力达到 140 万亿次，分中心和所级中心 CPU 聚合计算能力达到 60 万亿次。专用 GPU 计算能力已经达到 6000 万亿次，其双精度计算能力达到 1000 万亿次。较系统地提供了高性能计算、并行计算软件、科学计算可视化、网格计算、培训五大类服务。

到 2015 年年末，中科院在“三层架构”超级计算环境基础上实现了超级计算能力及应用效果的稳步提高，计算能力从百万亿次提高到千万亿次。总中心的主超级计算机已经升级为第六代“元”超级计算系统，计算峰值为 2.36 千万亿次。分中心增加到九家，应用学科覆盖更加完整，应用广度和深度均进一步提高。到 2016 年年底，新一代超级计算机系统“元”已经在 30 余个节点完成网格软件的部署，实现了整个超级计算环境的统一运行管理。技术支持和服务水平较“十一五”期间更加完善。经过体系化、制度化的建设，院超级计算环境向可持续发展方向发展。到 2017 年年底，新一代超级计算机系统“元”全面投入使用。2016 年，中科院基于“神威 · 太湖之光”系统的两项全机应用首次入围“戈登 · 贝尔”奖，中国团队入围数量占全部的一半。中科院软件研究所和清华大学等单位的团队研发的“千万核可扩展全球大气动力学全隐式模拟”最终获奖，实现零的突破。中科院计算机网络信息中心研发的“钛合金微结构演化相场模拟”应用入围该奖。

3) 科学数据库建设取得重大进展

1982 年，中科院开始筹建科学数据库，该项目于 1986 年正式列入了国家重点工程。此后，中科院一直把科学数据库作为信息化建设重点项目给予长期、持续的支持。互联网应用之后，科学数据库得到了快速发展，建库领域不断地扩展，几乎涵盖了所有的学科门类，数据资源由吉字节级快速增进到了太字节级。

2005 年，由中科院的 45 个研究所共同完成了 503 个专业数据库的建设，总数据量达到 16.6TByte，初步形成中科院科学数据资源体系。成功研制了 20 多个科学数据库建设与共享服务的标准规范，其中，1 项国家标准在数据标准规范建设方面取得重要进展。建立了科学数据库管理与服务系统平台，初步建成科学数据网格。2010 年，以海量数据存储与处理服务为核心的数据资源中心构建的存储环境裸容量达到 6PByte。2017 年，院内外研究团体(项目组)或机构(研究所)用户数达到 70 余个，存储或备份的数据量达到 2PByte，用户满意度达到 90%。基本建成了可公开共享的 37 个研究型专业数据库，形成了人地系统、微生物与病毒、动物、化学、材料、空间科学、天文学、资源环境遥感八个主题库整体框架及其数据网格环境。基本建成了具有特色的中国植物物种和化合物结构参考型数据库。面向西部生态环境研究、区域生态规划、聚变研究和青海湖区域综合研究等重要研究方向，与科研活动紧密结合，形成了四个专题型数据库。整合形成的各类数据集达到 300 个，可以共享的数据量达到 140TByte，在线数据访问人次年平均达到 400 万人次。中科院还成为世界微生物数据中心的主持单位，这是我国生物学领域的第一个世界数据中心，也是国际生物学领域第一个设在发展中国家的世界性数据中心。到 2017 年年末，随着云计算、云存储系统陆续上线服务，全院科技数据资源整合与共享海量存储环境已经基本建成，以“数据云”服务模式将存储资源、科学数据整合为面向科研的数据基础设施。“数据云”总存储数据量达到 3PByte，提供可共享科学数据 456TByte，每月存储数据增长量达到 50TByte，数据基础设施服务日益成为中科院科研信息化的基本公共服务。

4) 科技云在助力科技创新方面成效斐然

中科院以中国科技网网络环境为基础构建了科技云环境，以促进科学研究与科研信息化深度融合为目标，科技云探索了边建设、边应用、边发展的模式，不断地促进科研活动与信息化的深度融合，持续推动信息化科研模式变革。“十二五”期间，科技云为国际热核聚变实验堆计划、院战略先导专项、大亚湾、中微子实验、中国生物多样性红色名录等重大科研活动或重大科技任务提供强有力的服务支撑。同时，面向空间科学、天文、高能物理、微生物等八个学科领域建设了八个科技领域云，成为本学科领域内综合性科研信息化基础设施，有力支撑各个领域的学科发展和重大任务的实施。例如，微生物科技领域云构建了世界微生物数据中心的数据信息处理存储、挖掘平台，支撑了全球 43 个国家 110 个保藏中心的微生物资源信息整合，服务于全球科研与应用，并支持了 H7N9 禽流感宿主溯源及传播防范控制的研究工作。

2.3.3 中国高校科研信息化发展

2012 年 3 月，中国教育部发布《教育信息化十年发展规划(2011—2020 年)》，确定了中国教育信息化发展的指导思想、工作方针、发展目标、发展任务、行动计划和保障措施。规划的发展目标是：到 2020 年，基本建成人人可享有优质教育资源的信息化学习环境，基本形成学习型社会的信息化支撑服务体系，基本实现所有地区和各级各类学校宽带网络的全面覆盖，教育管理信息化水平显著提高，信息技术与教育融合发展的水平显著提升。规划提出八项发展任务，其中要推动信息技术与高等教育深度融合，创新人才培养模式。要利用先进网络和信息技术，整合资源，构建先进、高效、实用的高等教育信息基础设施，开发整合各类优质教育教学资源，建立高等教育资源共建共享机制，推进高等教育精品课程、图书文献共享、教学实验平台等信息化建设。提升高校教师教育技术应用能力，推进信息技术在教学中的普遍应用(教育部，2012)。

全国各高校在“十三五”规划中对教育信息化均有相应的建设内容。以下介绍部分重点高校“十三五”规划中的信息化建设部分内容。

1) 清华大学

清华大学“十三五”规划中提出要加强信息化建设。采用下一代互联网技术建设世界一流的校园网，使主干带宽达到 100Gbps，实现室内/室外无线网络全面覆盖。全面升级扩容数据中心，提高容灾抗毁能力。努力建成国内领先的、具有信用机制的网络与信息安全保障体系，对安全攻击做到主动防御、及时发现、快速响应。持续完善基础数据共享平台，逐步实现校级管理信息系统之间的信息共享。推进面向移动终端的信息化服务，进一步提升用户服务水平。完善信息化工作体制机制，健全规章制度，加强信息化研发、运维和服务队伍建设，进一步加强面向教职员工的信息化技能培训。

2) 北京大学

北京大学面向科学前沿基础研究和国家战略需求，建设机器人及智能制造、重大疾病诊疗、移动医疗、精准医学、物联网、大数据、文理交叉等重点发展方向。建设智慧校园，以物联化、集成化、智能化为主要技术路线，以服务创新为导向，将智慧导入校园各个系统、过程和基础设施中，将信息化深植于教学、科研、管理和生活的各个方面，推进学校信息数据集成，打破“信息孤岛”，整合数据资源，做好重要数据的归档工作，推进学校数据仓库建设。提取学校发展的关键性指标，形成量化体系，动态更新，实现对学校运行状态的实时监测，全面构建智慧校园。

3) 浙江大学

浙江大学加强信息化基础设施建设，实现校院有线网络核心带宽100Gbps以上，无线网络全校深度覆盖。构建集接入网、教学网、科研网、资源网和智能网于一体的校园泛在网络。深化校务服务网建设，促进业务协同，加强基础数据的统一管理与共享。提高信息安全管理水平，保障信息系统稳定运行和核心数据的安全，不断提升服务质量和用户满意度。

4) 复旦大学

复旦大学“十三五”规划中提出要建设智慧校园。按照现代研究型大学的要求，以图书馆建设为基础，以信息化建设为重点，加快智慧校园建设。继续推进有线网络、移动互联网、物联网等校园网络基础设施建设和基于云计算的信息基础设施建设，校区间主干及校区网主干速率达到40Gbps以上，改造校园无线网接入，扩大5GHz频段覆盖，增加优质国际带宽，为师生和学校管理提供高质量的云服务和数据服务，网上办事服务大厅服务事项达到200项；强化网络安全工作，提供可靠、安全的网络信息服务。

5) 中国人民大学

中国人民大学依托现代信息技术，建设先进的科研协作与交流平台，不断提升教师、学生协作创新能力。建设先进的高性能计算平台，为大数据等前沿研究提供有效支撑。改变“以业务管理为中心”的传统思路，转为“以用户为中心”的发展模式，建立以“微人大”为基础的统一服务平台。在“微人大”中为不同类型的用户设立不同的“场景模式”，建设三大平台，贴近和保障学生、教师以及行政管理人员三类人群的实际需求和发展需要，加强平台间的信息共享及用户间的互动反馈，不断提升服务效率和用户满意度。

6) 北京师范大学

北京师范大学积极推进校园信息化建设，构建“易用、智能、领先”的信息化环境，深化信息化在教育教学、科学研究和管理服务中的应用，推动教与学的深刻变革，推动学校管理方式与治理结构的重大转变，推动学校师生工作学习的全面智能化。实现从分立业务系统向公共服务大平台转变，从面向管理需要到面向师生教与学需要转变。加大智慧教师和协作学习场所建设力度，实现智慧教室占比达到30%，推动所有面授式课程向混合式学习课程的转变。实施“优质数字课程资源建设工程”，将10%的校内课程建成优质在线课程资源。推进学校“大 OA(办公自动化)”系统的应用，实现校内二级单位内部无纸化办公。加强学校业务管理信息系统与部院系工作的对接，推进部院系管理和服务的数字化与网络化。

7) 大连理工大学

大连理工大学全面推进智慧校园建设，加强学校网络、通信、视频监控、能源管理等基础设施的统筹规划、建设和管理，避免重复建设和资源浪费。建设学校“网上办事大厅”，实现校内大部分业务的线上办理；建设师生个人基本信息库，实现师生各类表格的自动填写和生成；建设教师个人中英文主页系统，实现数据的自动更新和维护；建设统一身份认证平台，实现校内所有信息化业务的统一登陆。加强数据挖掘和决策支持，建设“数据大工”“我的生活”等信息化应用，提升信息化手段辅助管理与决策水平。

8) 兰州大学

兰州大学“十三五”规划在推进智慧校园建设中提出，紧紧抓住国家加快教育信息基础设施建设、加强优质教育资源开发与应用、构建国家教育管理信息系统的机遇，研究制定兰州大学智慧校园建设规划，以物联化、集成化、智慧化为主要技术路线，以服务创新为导向，将智慧导入校园各个系统、过程和基础设施中，将信息化深植于教学、科研、管理和生活的各个方面，全面构建智慧校园。“十三五”期间，兰州大学建设智能带外管理，实时监控网络机房，以保障校园网络安全；升级校园网出口带宽，使其增加到 20Gbps。同时建设校园网网络安全平台——全网安全协防系统，数据中心和智慧校园。

9) 四川大学

四川大学完善办公自动化平台建设，全面建成办文办会、会议注册、信息发布、督查督办等办公自动化系统。构建完善数据共享、业务融通的信息化管理服务平台，实现校院之间、部门之间、学院之间信息数据的无缝对接、互通融合；完善师生与学校之间的信息化沟通服务平台，使学校各类通知、工作动态能够快捷地传达到每位师生员工，真正实现师生员工与学校之间零距离信息沟通互动。

10) 北京邮电大学

“十三五”期间，北京邮电大学智慧校园建设得到了飞跃发展。制定了《北京邮电大学教育信息化建设发展规划(2015—2020)》，提出了“感知校园、智慧北邮”的目标，基于校园网的信息资源和应用系统建设从无到有，逐渐丰富和完善，信息化建设在教育教学、科学发展以及学校整体职能管理中发挥着越来越重要的作用。全面实施国家大数据战略，推进数据资源开放共享和开发应用，助力产业转型升级和社会治理创新。完善国家网络安全保障体系，强化重要信息系统和数据资源保护，提高网络治理能力。

第 3 章　科研信息化发展主要方向

3.1　数　　据

数据是国家基础性战略资源，对全球生产、流通、分配、消费活动以及经济运行机制、社会生活方式和国家治理能力产生重要影响。数据密集型科学的兴起也使得采集、存储、管理、分析和可视化数据成为科学研究的新手段和新流程。投建科学大数据中心，着力于科学大数据的管理与应用成为许多国家政府、科研机构和大型科研计划的决策重点。

3.1.1　科学数据中心和平台建设

1. 美国“大数据区域创新中心”

自 2012 年推出“大数据研究与开发计划”以来，美国政府一直鼓励联邦部门、私营企业、学术机构、地方政府、非营利组织和基金组织等各利益相关方积极参与大数据创新项目。2015 年 11 月，美国国家科学基金会宣布投资 500 多万美元，建立东北、中西部、西部和南部四个“大数据区域创新中心”(BD Hub)，旨在打造一个灵活、可持续的国家级大数据创新生态系统，帮助美国更好地利用大数据技术解决社会挑战。

BD Hubs 致力于为多个利益相关方之间的合作提供新的框架，负责规划和支持区域的大数据合作与活动，解决区域面临的挑战，并为科研成果转移转化、培养下一代数据科学从业人员提供支持。BD Hubs 采用轴辐式结构，即每个区域中心都有一个中枢(Hub)，从该中枢会发散出多根“辐条”(BD Spoke)，每根“辐条”针对一个特定领域的大数据应用开展研究工作。四大区域中心将根据本区域实情确定若干特定的优先研究领域，例如，有关大数据和数据驱动发现的新技术，自然资源管理及其对环境规划的影响，精准农业、食品、能源与水之间的关联，教育与智能互联社区，能源、材料与制造等，而每个 BD Spoke 将一对一重点关注其中一个优先领域。

以东北大数据创新中心为例，东北地区的许多大中城市面临着能源需求增长、基础设施老化、交通方式单一、贫穷、犯罪等挑战，东北大数据创新中心为利用大数据解决城市问题提供了一个测试平台。纽约是全世界的金融中心，在金融数据利用方面有着得天独厚的优势；东北地区还汇集了众多开展先进临床和基因组学研究的大医院和医学研究中心，以及哈佛大学、耶鲁大学、麻省理工学院、普林斯顿大学、宾夕法尼亚大学、约翰斯·霍普金斯大学等众多世界名校。因此，东北大数据创新中心初步确定了健康、能源、金融、城市、科学发现，以及数据科学在教育中的应用六大优先研究领域，同时还设置了数据共享、教育、伦理与政策、隐私与安全四个交叉研究领域。例如，在隐私与安全领域，大数据应用的所有领域都面临着信息安全和隐私保护的挑战，而伦理与政策领域与该领域互为补充，重点关注大数据采集和使用的规范性问题和政策问题。

2. 英国阿兰·图灵研究所

2015年，作为英国国家数据科学研究所的阿兰·图灵研究所(Alan Turing Institute)正式成立，英国政府为此投入了4200万英镑的经费，其目的是确保英国立足于数据科学的前沿，引领全球大数据分析与应用的发展。阿兰·图灵研究所由英国工程与物理科学研究理事会(Engineering and Physical Sciences Research Council，EPSRC)和剑桥大学、爱丁堡大学、牛津大学、华威大学、伦敦大学学院五所大学牵头共建，总部设在英国图书馆，其任务是在数据科学研究方面取得飞跃式进展，成为数据科学领域的先锋，并培育下一代的数据科学领袖。研究所关注能解决数据科学重大挑战、促进科学、经济和社会发展的研究。

阿兰·图灵研究所由董事会负责治理。董事会由独立成员组成，候选人来自各联合共建研究所。董事会负责制定并批准与数据科学领域科研、知识和公共参与相关的整体战略与政策，同时还负责批准年度预算、支出计划，监控年度或预期的收支及现金流。董事会将机构的日常管理授权给研究所主任，并设置了多个委员会分别就不同方面的事务为研究所主任提供支持和建议。项目委员会关注科研项目的督导和机构科学与创新战略制定；科学委员会关注机构科研项目运作；薪酬委员会负责监督与薪水、劳酬、服务条件相关的政策与流程的制定并提供整体薪酬建议；审计委员会负责内部控制、风险管理等事务；科学顾问委员会负责支撑机构科研活动。

此外，董事会还将在必要时设立其他委员会辅助其履行职责(The Alan Turing Institute，2016)。

研究所成立了多个研究兴趣小组，针对大数据及数据科学的不同领域开展研究。例如，高维统计学小组研讨与高维统计学方法相关的最新发表的重要论文，识别目前关键的应用驱动型问题中哪些问题无法使用这些方法；自然语言处理小组关注文本分类、信息提取、情感分析、深度学习等核心的自然语言处理方法，以及自然语言处理在社会和人文科学中的应用；比特币、区块链与分布式账本技术小组研究区块链和分布式账本技术的新发展、新应用，支持对上述技术可扩展性、数学特性及实现问题的研究；数据伦理小组研究数据的伦理与社会影响，就数据科学领域的最佳伦理实践提供建议与指导意见。此外，研究所还与其合作伙伴联手启动了多个研究计划，包括与劳氏基金会合作，针对数据科学在工程方面的应用，开展基础性研究和突破性创新，以改进基础设施弹性和社会安全并实现科学进展；与 Intel 公司合作，以打造未来适用于数据科学的计算为目标，基于算法-架构协同设计、健康与生命科学应用已取得的成果开展深入研究，并培养具备计算技能的新一代数据科学家。

3. 澳大利亚数字化创新小组 Data61

澳大利亚联邦科学与工业研究组织(Commonwealth Scientific and Industrial Research Organisation，CSIRO)是澳大利亚最大的国家级科研机构。2016 年，CSIRO 下属的数字化生产力旗舰项目与澳大利亚国立计算机中心合并，正式成立了澳大利亚最大的数字化创新小组——Data61。Data61 隶属于 CSIRO，通过与全球产业界、政府和高校的合作，为澳大利亚创建数据驱动型未来扫除障碍。Data61 的工作重点是数据科学、工程与设计，其提供咨询服务和深度研究，以支持政策制定、概念验证、产品与平台开发，并实现能变革现有产业或孵化新产业的技术突破(CSIRO，2019a)。

为更好地开展大数据研究，Data61 设立了六类项目，每类项目均指派一位研究主任负责管理和协调。分析学项目致力于开发大数据分析、时空分析、文本分析和个人数据分析工具与模型，以便将数据转化为知识与流程；网络物理系统项目致力于开发生物传感器，能实时采集和监控农业数据的系统，可用于险境的无人驾驶车辆，并可用于环境监控的无人机；决策科学项目使用新的工具和技术从海量数据中提取和分析信息，以实现最佳决策，涉及数值模拟、风险量化和可视化技术的使用；软件与计算系统项目关注新一代的安全数据共享、分布式与可信数据分析、协作计算平台等技术；工程与用户体验设计项目处于人类、数据与系统的交界处，主要是开发和交付创新性数据技术，以实现早期的用户和数据验证；战略性见解项目分析与数字经济、知识产业和技术变革有关的趋势、风险和场景，填补科学与技术、政策、战略间的差距，通过原始调研为用户提供咨询服务。

Data61 将创新生态系统汇聚起来，创建了一个名为“D61+Network”，集政界、产业界和学术界参与者于一体的全球性研发网络，以帮助澳大利亚开创具备全球规模的新兴技术产业。Data61 每年还会举办一场名为“D61+LIVE”的产品展示会，以展示 Data61 和 CSIRO 的最新技术与创新成果，并将加入“D61+Network”研发网络的政府、企业、大学和科研人员聚集在一起。“D61+LIVE”同时还发挥了论坛的作用，为合作伙伴探讨数字化时代面临的创新挑战提供了一个平台(CSIRO，2019b)。

4. 哥伦比亚大学数据科学研究所

为应对大数据带来的机遇与挑战，许多大学也相继成立了研究机构，专注于大数据相关技术的研发应用以及数据科学家的培养。例如，美国哥伦比亚大学的数据科学研究所致力于培养下一代的数据科学家，并开发创新性技术以造福于社会。研究所拥有近 200 名员工，这些员工来自哥伦比亚大学的 11 所学院，从事不同的学科领域研究，通过合作促进数据采集与分析技术研发，以解决社会面临的紧迫挑战。该研究所还与产业界密切合作，促进科研成果的转移转化。

数据科学研究所设立了七个不同方向的研究中心。网络安全中心专注于开发能在数据整个生命周期保护数据安全与隐私的能力；数据、媒体与社会中心关注数据中的人，重点研究如何使用数据来理解人类行为，数据与数据处理如何塑造人们的工作和生活方式，数据对网络世界和数字化世界中的人的意义；金融与商业分析中心关注金融系统及其他独立的关键基础设施的系统风险、全球供应链的风险回避与缓解、经济波动与不确定性、供应链分析学等方向；数据科学基础中心重点开发用于数据处理的正式数学模型，并致力于解决与大规模数据处理系统工程相关的问题；健康分析学中心致力于利用数据驱动型方法及通过对健康过程的理解，改善个人健康和医护系统；数据感知、采集与传输中心致力于研究大型数据集感知、生成、采集、存储、传输与处理的物理层面；智能城市中心重点开发与监控可持续城市基础设施与建筑，通过智能电网技术改善电力供应，检测老化的城市基础设施存在的问题并予以解决。

在人才培养方面，该研究所提供跨学科的数据科学研究生教育，既面向全日制学生，又面向辅修和在线学习的学生。该研究所为参与研究生学习的学生提供数据科学专业成就认证，帮助他们发展基础的数据科学技能，拥有更广阔的职业前景或是改变职业道路。该认证属于非学位项目，获取该认证至少需要完成四门课程：面向数据科学的算法、概率论与统计学、面向数据科学的机器学习、可解释的数据分析与可视化。研究所还设有数据科学硕士学位点，除了完成上述四门课程的学习外，还需完成概率论理论、统计学推论与建模、面向数据科学的计算机系统、数据科学核心与伦理等课程。攻读硕士学位的学生有机会开展原创性研究，参与核心项目，与研究所的产业伙伴和教职员进行互动，还可以选择进行创业或参与七个研究中心关注的主题研究。研究所还通过“慕课”平台 edX 提供一系列与数据科学和分析学有关的课程，帮助人们了解最新的数据科学工具及其在金融、医护、产品开发、销售及更多领域中的应用，展示数据科学是如何改进企业决策与绩效，支撑个性化医疗并推动个人职业生涯发展。这些课程由研究所的资深教授团队提供教学，对那些希望了解数据科学基础理念，有志成为组织领导者、业务经理、医护专家以及希望从事数据科学职业的人而言尤其有益(Columbia University，2019)。此外，哥伦比亚大学对数据科学及其应用感兴趣的学生还组建了跨学科的数据科学学会，旨在促进哥伦比亚大学及纽约市的数据科学发展。

5. 全球综合地球观测系统

启动于 2005 年的全球综合地球观测系统(Global Earth Observation System of Systems，GEOSS)是一套协调且独立的地球观测、信息与处理系统，旨在加强对地球状态的监控，为公私部门的广大用户提供多样化信息访问。GEOSS 促进了环境数据与信息共享，确保这些数据可访问、可互操作、质量和来源得到保障，以支持工具开发和信息服务提供。地球观测组织(Group on Earth Observation，GEO)负责 GEOSS 的规划和实施。

GEOSS 基础设施由观测和信息系统组成。观测系统包括安置于地面、空中、水中和太空的传感器，以及现场调研和公民观测站；信息与处理系统包括软硬件工具，用于处理和传输来自观测系统的数据，提供信息、知识、服务和产品。

GEOSS 通用基础设施主动连接全球已有的或规划中的观测系统，支持新系统开发，促进通用技术标准的采用，方便来自不同设施的数据能组合成一致的数据集。GEOSS 门户是 GEOSS 通用基础设施的前端组件，提供一个基于地图的图形用户界面，方便用户发现和访问不同来源的地球观测数据与资源。该门户由欧空局负责实施和运营，为不同领域用户提供普通的以及针对具体社区的检索能力。GEO 发现与访问代理(GEO DAB)是 GEOSS 主要的数据信息发现和访问机制，通过应用程序接口(application programming interface，API)实施必要的调解和协调服务。此外，作为 GEOSS 通用基础设施的一个重要组成部分，GEONETCast 是一个基于卫星传输系统的全球性可持续网络，负责地球观测站数据与产品在 GEO 团体中的传输。GEONETCast 目前支撑着 169 个国家的近 6000 名用户，它以中国、欧盟和美国三方的合作为基础，采取了开放架构，能容纳其他参与者。网络的运营基于各区域广播系统及它们之间的日常数据交换。GEONETCast 还在高速固定电话和互联网无法使用，或地面通信线因灾害中断的情况下被用于点对点数据传输。

3.1.2　科研大数据应用

自从数据密集型科学成为新的科研范式，传统科研活动发生了很大变化，除了虚拟科研组织的出现外，科学家也开始习惯于数字化资源获取、数字化在线服务和知识内容挖掘的科研方法。大数据也使得科研管理与决策有了更广泛的发展空间，互联网的文本、超文本数据、多媒体数据、自媒体交互数据、移动应用会话数据、传感器监测感知数据、各种科研装备运转应用数据、科研材料消耗数据、科研人员研究行为数据等大规模数据皆成为影响管理与决策的重要因素。

1.通过先导项目推动大数据在科研中的应用

在当前科技发展趋势下，科学家能取得多大的科研成果越来越依赖于他们处理和管理大型数据集的能力。为此，美国能源部支持了若干“科研数据先导项目”，以探索用于采集、传输、共享、分析大规模科研数据集的新方法。例如，“X 光与超级计算”项目开发了一套工具，能够通过美国能源科学网 ESnet 将来自多个科研机构的、多种格式的数据传输到中央科学计算设施——美国国家能源研究科学计算中心，并对这些数据进行自动化或半自动化的分析与可视化处理，实现对光子学新前沿的探索。“利用‘超级设施’实时开展有机光伏研究”项目把若干个功能互补的设施连接成一个功能更全面、更强大的虚拟“超级设施”，使科研人员能在第一时间对样本进行分析，及时调整实验方案以获得最佳成果。“极端宇宙学数据分析”项目构建了一种“数据管道”，以传输和处理“暗能量巡天计划”观测到的数据。其使用 Docker 虚拟机软件，将分析数据所需的各种应用都集成到多个软件包中，并通过美国国家超算应用中心(National Center for Supercomputing Applications，NCSA)传送给各国家实验室的超级计算机进行处理，所得结果再通过 ESnet 返回给 NCSA。“虚拟数据设施”项目由多家实验室共同完成，克服了这些实验室普遍遇到的一些障碍，包括身份验证、数据复制、数据发布、用户接口开发框架等，最终成功实现了将一个实验室的数据集自动复制到其余实验室的任务。

2. 推动材料研发进程

随着化石燃料储量日益减少、气候变暖日益加剧，科学家们希望能实现传统燃料燃烧反应的逆过程，即利用太阳能将传统燃料燃烧产生的水和二氧化碳等重新转换成燃料，这类材料被称为太阳能燃料。合成太阳能燃料需要依赖高效的催化剂，然而在过去 40 年间，科学家只在研究其他问题时误打误撞地发现了 16 种此类催化剂，且性能也并不尽如人意。美国劳伦斯 · 伯克利国家实验室、加州大学伯克利分校和加州理工学院的研究人员建立了一个涵盖 6 万种金属氧化物材料的“材料项目”(materials project)数据库，改进了一种名为“密度泛函理论”的量子力学计算方法，通过两年数百次理论计算，获得了 12 种有助于太阳能燃料合成的催化剂(Yan et al.，2017)。目前，太阳能燃料技术还远未成熟，但该项研究的成果可帮助更多科学家进一步测试这些新发现的催化剂材料，从而早日发现大规模生产和应用太阳能燃料的技术方案。并且，此次科研人员采用的“理论计算+实验验证”的模式也有助于其他科学家更快速地发现更多有用的材料。

3. 加速新药研发

理论上，可能存在的类药物分子的数量堪比宇宙中的原子数量。于是，研究人员不再关注可能永远不会被制造出来的分子，而是开始与化学物品公司合作，创建所需的化学物质数据库。乌克兰 Enamine 公司从 7 万个小的化学模块开始，建立了包含 1.7 亿个分子的化学数据库，并与美国国立卫生研究院合作，通过“虚拟筛选技术”加速新药研发。加州大学旧金山分校的研究人员从两个目标出发筛选了 1.7 亿个烯胺化合物：一个聚焦于某些抗生素，例如针对 AmpC β-内酰胺酶的抑制剂；另一个是多巴胺 D4 受体蛋白质——抗精神病药物的目标。由于数据库过于庞大，研究人员决定先测试他们的软件能否在 1.7 亿分子库中找出数百种已知靶点的抑制剂。通过使用 2000 个计算机处理器，他们发现得分最高的分子包括已知的抑制剂和它们的结构表亲。然后，Enamine 公司的科学家合成了数百种此前未被识别的高分值化合物。其中，24%被发现与 D4 受体紧密结合，11%能抑制 AmpC β-内酰胺酶，命中率远高于其他虚拟筛选程序。专家表示，这对于整个药物发现行业来说是一件伟大的事情，针对特定疾病靶点对大量不同的分子进行取样，意味着其中一种分子被证明是药物发现的成功起点的概率更高。Enamine 公司数据库的资源未来一年预计将增加至 10 亿个分子，除了帮助药物发现，这个不断增长的数据库还将为无数的基础生物学研究人员提供帮助。

4. 推动医疗科研

2013 年 5 月，全球首家运用大数据技术的医药卫生科研机构在英国牛津大学正式揭牌。这家名为“李嘉诚卫生信息与发现中心”的机构从李嘉诚基金会和英国高等教育资助委员会获得了 9000 万英镑的资助，其重点是利用大数据的力量来变革医疗研究，为患者提供更好、更安全和更个性化的治疗。该中心第一阶段建立了“靶标发现研究所”，通过与产业界合作，利用高通量和自动化的方法来加速药物的早期研发阶段，针对癌症、糖尿病等重大疾病，确定用于药物研发的更好的靶标，解决现有药物研发过程中的关键瓶颈。高通量生物学能产生大量的数据，从而可对各种生物途径进行系统分析，帮助了解这些生物途径如何用于疾病治疗。而制药企业无法进行广泛和详细的潜在靶标研究，往往花费数十亿美元仍不能研发出理想的药物。第二阶段该中心建立“大数据研究所”，汇集来自公共卫生、遗传学、计算机科学、统计、生物信息学等多领域的顶尖科研人员，研发用于产生、存储和分析大规模医疗科学数据集的方法，共同分析大规模数据集，更好地理解人类疾病和治疗方案，从而开创全球学术界开展大数据与医疗科研的先河。

5. 助力备灾和社会治理

日本属于多雨、多台风、多洪水气候，每年因此引发的经济损失高达 40 多亿美元，居民的人身安全受到严重威胁。为了实现气候灾害的早期预警与预防，富士通公司正在研制一种能利用 XRAIN 雷达数据和社交媒体数据的系统。XRAIN 雷达系统是日本开发的一种能够有效探测降雨、降雪、雾、尘、烟等天气状况的系统。而富士通公司则将推特等社交媒体的信息与 XRAIN 的雷达数据融合起来使用。富士通公司开发的算法能够分析社交媒体用户发布的与气候灾害相关的信息，并和该用户以前发布的消息进行对比，从而对用户所在区域的天气进行初步预测。然后通过算法将对社交媒体信息的预测结果和 XRAIN 的数据结合起来进行社会网络分析，最终实时探测出是否正在发生气候灾害。利用该系统，富士通公司在 2012 年对大阪和京都地区进行了测试，其预警时间比常规预警提前了三个小时。此外，富士通公司利用日本“3·11 大地震”的数据开发了一种仿真算法，再结合超级计算机“京”的巨大性能，建立海啸模型，以计算出在不同的地震环境中海啸发生的时间和能量。通过这种方式，富士通公司能够预测海啸刚产生时的海浪规模以及海啸到达陆地的规模，并利用这些信息来制定疏散计划，以求尽可能地减少损失。

日本东京居住着 1200 万人口，有的地区每平方千米居住人口超过 14000 人，在这种高密度人口地区很容易发生犯罪活动。为帮人们了解哪些地区容易发生犯罪活动，富士通公司把目光投向了社交媒体。东京有几百万推特手机用户，平均每天的推文量超过 4000 万条。这么多推特消息中隐藏着有关各地发生的各种事件信息。富士通公司将散布在各地的推特用户视作“社会传感器”，并开发出了一种算法来搜集推特信息，从中抽取犯罪类型、时间、地点等信息，然后映射到地图上，最后通过不同颜色来标注各地区的犯罪活动是否活跃。这样，人们就能像阅读天气预报一样，参照这种实时的犯罪活动地图来选择自己的出行路线。

6. 支持人畜共患疾病分析

目前世界上约 60%的疾病是人畜共患传染病，可以在人和其他动物之间传播。弄清楚这些传染病的传播途径及病原体、宿主和环境因素之间的关系是改善控制策略的关键。利物浦大学气候与动物传染病研究小组开发出强化传染病数据库 EID2，其中的数据可以用于追踪人畜共患病的发病史，预测气候变化对病原体的影响，绘制传染病流行状况地图，对人畜共患疾病的携带者与宿主之间的复杂关系进行分类。研究人员采用高度自动化的程序来收集人畜病原体的数据，包括出现的时间、地点及宿主。科学家对病原体的 DNA 或 RNA 进行部分或全部测序后，将序列上传至公开数据库，并包含获得病原体的时间、地点、宿主等信息(元数据)。EID2 描述了每一种宿主中寄生的所有已知病原体和每一种病原体可寄生的所有宿主。它可以提供某个国家或地区的所有在录病原体，或某个国家某一种宿主中寄生的所有病原体。它可以让人们直接获取一些信息的原始数据，也可以让人们观察病原体和宿主在地图上的分布。EID2 是唯一的从元数据中提取病原体信息的数据库，目前已有几千万的病原体基因序列，且每年以百万级别的数量在增加，有望成为一个综合性的病原体和疾病信息的权威来源。

7. 大数据工具研发进展

当前神经科学大数据分析面临着数据洪流的挑战，例如记录斑马鱼整个大脑所有神经元的活动模式仅需 1.5s，但将产生约 1TByte 的数据。数据洪流使数据分析成了瓶颈。为此，美国霍华德 · 休斯医学研究所(Howard Hughes Medical Institute HHMI)的科学家们开发出了一套名为“迅雷”(Thunder)的针对神经科学的分析工具。“迅雷”基于 Apache Spark 而开发，Apache Spark 平台对广为人知的 Hadoop 和 MapReduce 进行了改良，能够将数据集和中间结果缓存在网络中的众多计算机的内存中，实现更快的迭代计算，从而极大提高神经科学大数据的分析速度。加州大学伯克利分校的多位科学家观测了斑马鱼对视觉刺激做出回应时的脑部细胞活动，并利用“迅雷”在几分钟内完成了对成像结果的分析，而通过常规手段需要等待很长时间才能得到分析结果。

许多实验室都面临着如何完整、系统地存储海量实验数据的挑战。德国弗劳恩霍夫应用信息技术研究所(Fraunhofer Institute for Applied

Information Technology，FIT)通过调研发现，实验室工作人员有四分之一的时间都在管理数据，且工作场所没有集中化或结构化的数据收集方案。FIT 为此针对流式细胞分析仪开发了一款名为“MPlex 分析器”的软件，可以引导用户完成整个测试过程，包括酶标板的选择、样品的选择、标样分配、PDF 报告打印等，整个流程是透明的，初学者也可以快速上手，极大地减轻了数据管理的负担。FIT 认为该软件在生物实验室的数据管理方面大有可为，而且还可以延伸至显微镜等其他用途。

美国麻省理工学院的研究人员开发一款被称为 DBWipes 的大数据可视化工具，可在图形显示中突出异常数据和可能的模式，继而自动识别相应的数据来源。在创建内容丰富、形式美观的图形时，大部分可视化软件丢弃了大量的有用数据。而研究人员通过设计一种面向大数据集的新颖“源追踪”系统解决了这一问题。该系统可为汇总的数据源提供简洁的展示，使用户将源数据与可视化显示中的像素点对应起来。它并非只提供用户用来计算异常值的大量数据项，而是先识别出影响最大的异常值，继而以人们可读的形式总结出这些数据项。此外，研究人员开发的 Scorpion 算法可追踪 DBWipes 可视化特定方面的记录,然后有效地重新运算出可视化结果，以排除或突出记录所含的数据。

国际太阳动力学天文特征调查联盟设计了一款能对海量太阳成像数据进行分类、识别有价值的特征和现象的软件工具，佐治亚州立大学研究人员随后对此软件性能进行了改进，帮助科学家就不同类型太阳活动之间的关系执行大规模的数据驱动发现和分析，缩短项目研究时间。这为太阳活动提供便捷、可扩展、高端的跟踪和分析工具包，创建和发布容易下载和理解的大规模太阳数据产品。同时，它也将加强实现国家空间天气计划目标所需的基础科学研究，助其开发诊断工具，在近地空间环境中预测影响通信卫星、导航系统、电网、太空和空中旅行的条件。这款软件将推动以随时间变化的空间物体的形式分析数据的科学领域的发展，如陆地天气、气候相关研究和迁移动态分析。

3.1.3　科学数据的管理与共享

1. 美国的科学数据管理与共享机制

美国在构建国家数据框架和长生命周期的数据库、实现协同科研活动中的数据共享和分析，构建开放、易用的数据基础设施方面，开展了多项研究。2009 年 1 月，美国国家科学与技术理事会的科学委员会下属的“数字数据联合工作组”(Interagency Working Group on Digital Data，IWGDD)发布《科学与社会数字数据能力利用》报告(NITRD，2009)，提出了一个数字科学数据综合体系，其中数字数据的产生、收集、记录、分析、保存和传播都能够进行适当、可靠和方便的管理，由此确保充分发挥其“催化”作用，促进全球信息化社会的进步，从而回馈国家的研发投入。2009 年 7 月，美国科学院在《确保数字时代科研数据的完整性、可获取性和可管理性》报告中(NAP，2009)，针对确保科研数据的可管理性提出，研究人员应在每个研究项目开始时制定数据管理计划；各研究领域应针对本领域数据制订评估准则；以及就研究人员应保留哪些数据确立标准，为研究人员履行数据管理的职责提供有利的体制环境；科研机构和科研资助机构应深入研究研究人员的数据管理需求，并制定、支持和实施相应计划来满足这些需求。NSF 也从 2010 年 10 月起要求所有项目申请书都必须包含一份数据管理计划。

针对科学数据共享，美国建立了一套保障体系，包括国家为科学数据共享投资，建立和健全科学数据共享政策法规体系，建设国家级数据中心群和数据共享网，强化科学数据质量和标准，为数据的应用提供技术服务等。《信息自由法》和《版权法》是美国政府科学数据共享的法律基础。《信息自由法》强调“保护公民使用信息的权利”，《信息自由法(1986)》规定，除了危及国家安全、影响政府政务和公务员个人隐私等不能共享的信息外，联邦政府必须以出版方式公开基本信息，如政府机构介绍、职能、办事程序、规定、政策陈述等。《版权法》强调保护信息拥有人的利益，以此鼓励人们继续投资生产更多更好的信息，同时《版权法》明确禁止联邦政府机构对自己的工作成果拥有版权。建设国家级科学数据中心群是美国实现国家信息(数据)长期管理与共享服务的切入点。NASA 通过“分布式的最活跃的数据档案中心群”加强数据共享和国家级数据中心的建设；NSF 推出“科学数据可持续保存与共享网络伙伴计划”(DataNet)，通过建设一批示范性新型数据保存与共享组织来探索面向科研信息化发展的科学数据保存与共享模式(孔丽华，2009)；白宫也启动总统长期专项，建设国家级数据信息共享网络，计划用十年左右的时间，建成世界上最强大的科学数据共享体系。

2. 欧盟的科学数据管理与共享机制

欧盟于 1996 年发布了《欧洲议会和理事会关于数据库法律保护的指令 96/9/EC》，针对数据库创设了一种特别的双重保护机制，要求各成员国以智力创作给予数据库版权保护，并要求未经许可不得对数据库内容进行提取和再利用(王巧玲等，2009)。不过，该指令在保护科学数据的同时，也在一定程度上限制了科学数据共享的进展。2002 年发表的《布加勒斯特宣言》奠定了欧盟制定公共数据共享法规的思想基础，它肯定了信息共享与信息社会的密切关系，强调了维护公民获得信息和知识的权利的重要性以及与信息共享的关系，提出应确保公民获得信息和知识的权利，公共领域的信息应该易于获取，使个人和组织得益于对信息、知识、思想的获取(刘可静，2007)。

欧盟还通过专家研讨会的举行和调研报告的发布，就科学数据的管理和共享提供建议。例如，欧委会及各国专家于 2010 年曾就欧洲研究区数据的开放获取和保存召开了研讨会，提出，除了少数特例(如医学研究中涉及隐私的数据)，获公共资助而产生的数据应公开；每项可能产生大量数据的项目，应提交数据管理计划，明确数据管理和传播等相关事项，并为之分配相应预算金额；各项目应将科学数据提交至经认证的或可信的数据知识库，相应地，需建立数据知识库的认证机制。2011 年发布的《全球科研数据基础设施》报告(e-IRG，2011)则提出，未来的科学数据基础设施必须要能够实现科学生态系统，必须支持开放链接数据空间以及科学数据与文献之间的互操作；必须开发先进数据分析、数据挖掘、数据可视化等工具，为数据、元数据、数据起源、语境、不确定性和质量开发和实施正式的模型与查询语言，提供数据发现、工具发现、数据集成、工作流管理、本体/分类学管理、政策管理等先进的基础设施服务。为了让开放科学和开放数据的原则被广泛接受，必须在一个集成式的科学政策框架内实施这些原则，从而通过全球科研数据基础设施执行和实施。

3. 英国的科学数据管理与共享机制

英国数据典藏中心(Data Curation Certer，DCC)是英国国家级的综合数据管理机构，其在 2011 年发布的《制定数据管理与共享计划》中，就数据类型、数据存储、数据访问、知识产权等诸多方面做出了规定(Sarah，

2011)。

就数据类型和标准而言，应该详细说明将创建什么数据并解释为什么选择这种数据格式、标准和方法。如果数据将要被保存至数据库，那么就应选择特定的数据格式。使用业内普遍认可的数据格式采集数据，会让数据更具互操作性，开放或非专利的格式可免去诸多不必要的麻烦。元数据可以对数据进行详细描述，让数据更容易被其他的程序理解和发现。

就数据访问和再利用而言，为数据访问提供具体说明，让资助机构清楚了解数据在什么地方、什么时候通过何种方式可以被获取到。参与和规划数据再利用可以帮助了解目标用户及其需求，从而采用合适的数据满足其需求。数据中心也会要求数据符合最低标准以确保数据能够为其他研究者理解和再利用。

就数据存储和数据管理而言，对唯一性数据的备份往往要比二手数据的备份更重要，越重要的数据往往越常被访问，也应该越频繁地进行备份。具有自动备份功能的文件管理服务往往可以节省大量的时间和精力。相比于通过许可拥有的二手数据，一手敏感数据对安全的要求会更高，需要对数据进行编码或使用安全的在线存储。DDC 的数据评估指南提供了选择重要数据的一些实用性策略，帮助用户决定什么数据具备长期保存价值并将这些数据转换为特定的格式加以保存。无论采用何种途径，务必确保数据是始终可访问的。如果数据存放于数据中心，需要与数据中心的工作人员做好沟通，以获取到合适可行的数据保存方法。此外，许多大学也开始提供越来越多的基础设施来支持数据的管理，也可以从那里获取适合使用的服务。

就知识产权而言，应事先声明数据所有权，必要情况下计划书之前应该附上协商许可。如果是通过购买或同意相关许可来重复使用第三方数据，就应该在数据保存和共享过程中留意相关的条件限制。此外，需要对与数据共享相关的一切限制做出解释，例如限制期限或者受限访问。所有涉及人类数据或材料的研究都应遵循正规的道德准则，必要的话，应制定相关保护措施。

4. 全球综合地球观测系统的数据管理与共享

根据最新的 GEOSS 十年战略规划，GEOSS 数据共享原则包括：数据、元数据与产品将默认作为开放数据进行共享，作为 GEOSS 面向全民的开源数据采集(Data-CORE)行动的一部分实现访问，其再利用是免费且不受限制的，但要遵循注册与归属等制约条件。当面对国际设备、国家政策或法律阻止数据作为开放数据共享的情况时，应对数据获取设置最小的使用限制，且相关费用不应高于数据再生产和分发的成本。所有共享数据、产品与元数据将以最小时延提供访问(GEO，2016a)。

GEOSS 的数据管理原则以数据共享原则为基础，基于可发现性、可获取性、可用性、保存和管理等理念，旨在解决对通用标准与互操作性的需求。这将确保不同来源与类型的数据和信息是可比较且兼容的，促进数据集成入模型和应用开发，最终开发出决策支撑工具(GEO，2016b)。就可发现性而言，数据与所有相关元数据将可通过目录和搜索引擎观察，且应明确标明数据访问和使用条件包括许可。就可获取性而言，数据将通过在线服务获取，包括直接下载，最好能提供可视化和计算相关的用户定制服务。就可用性而言，数据将被全面记录，并优先采用国际或团体认可标准的正式结构化元数据；数据将标明原始观测和衍生产品的来源和处理历史，确保产品链的全程可追溯性；数据将实施质量控制，并将结果反映在元数据中。就保存而言，给予数据以保护，以免丢失并保存以备将来使用，数据保存规划应是长期的，包括针对防损、保留时间表、清理或转移程序的指南。数据管理系统中的数据与相关元数据将被定期验证，确保完整性、权威性和可读性。就管理而言，数据将按照审查进行修正和更新，进行适当再处理；数据将被分配合适的独特的、持久的、可解析的标识符，以便文件引用数据。

5. 美国材料基因组计划数据管理

2011 年启动、投资超过 1 亿美元的“材料基因组计划”(Materials Genome Initiative，MGI)旨在推动材料科学家重视制造环节，并通过搜集众多实验团队以及企业有关新材料的数据、代码、计算工具等，构建专门的数据库实现共享，致力于攻克新材料从实验室到工厂这个过程中的问题(NSTC，2011)。

数据是推动材料发展的信息基础。MGI 的目的不仅是让研究人员能够轻松地将自己的数据导入模型，同时也还要使研究人员和工程人员能够彼此整合数据。针对如何促进对材料数据的访问，MGI 推出了一系列相关活动与举措，涉及数据研究中心建设、数据管理系统建设、数据与计算工具开发、数据分析方法研究，以及挑战赛举办等。例如，能源部资助建设的预测性综合结构材料科学中心创建了一个材料科学公地（materials commons），可以实现材料科学研究人员间的合作、重要科学发现的无缝收集以及相关学科社区的建设，同时允许科研团队共享数据，并将这些数据提供给更广泛的技术社区。NIST 主持开发了材料数据典藏系统，主要是提供一种手段，用于采集、共享材料数据并将其转化为结构化格式。数据使用用户选择的 XML 编码的模板进行组织，这些模板用于创建数据输入表单。数据检索可通过几种方式进行：模板驱动的 Web 表单、SPARQL 端点查询、RESTful API 调用等。能源部 EERE 燃料电池技术办公室负责维护一个可公开访问的储氢材料性质数据库，其收集来自实验和计算模型的数据，目的在于加速储氢材料的开发。此外，美国空军研究实验室、NIST 和 NSF 共同举办了材料科学与工程数据挑战赛，以寻求可公开获取的数字化数据的新用途，促进材料科学与工程发展，加速相关知识向产业应用的转化。

6. 欧盟 ELIXIR 项目的数据管理

面向生物信息的欧洲生命科学基础设施项目 ELIXIR 旨在创建一个用于数据收集、存储、注释、验证、传送和使用的安全、可持续的基础设施，汇聚欧洲的生命科学资源，满足生命科学对资源共享的需求。

核心数据资源是 ELIXIR 数据平台的关键组成部分，ELIXIR 建立了一套核心数据资源评估指标(Christine et al.，2017)。这些指标反映了数据资源的各个方面，可分为五类。一是科学焦点与科学质量，包括数据与元数据固有的科学质量、独特性和全面性，还包括成为其他资源的基准，判断该资源在该领域的权威性。二是资源服务的社区，反映资源服务社区规模和评估需求。这些社区也是存储方。社区的识别和评估可通过不同方式进行，通常情况下，需要在服务开发与运营过程中加入质保流程。三是服务质量，某些服务的水平与可靠性可通过特定的技术指标进行量化，例如，资源的正常运行时间、响应时间，数据检索机制的多样性等。四是法律与资助基础设施及治理，作为稳定的科研基础设施，核心数据资源需要拥有完善的法律、资助和治理结构。开放数据是生命科学研究的关键驱动因素，但数据访问策略必须考虑资源资助。可通过机构支持、资助方案和财政稳定的持续时间来衡量资源寿命。五是影响与转化案例，影响评估旨在明确回答资源是否达成了其满足科学社区特定需求的目标。而转化案例与资源促进科学发展的职责相关，也是一个很重要的指标。

3.2 计 算

3.2.1 基于高性能计算的科研信息化

1. 高性能计算发展进展与趋势

高性能计算(很多情况下又被称为超级计算)主要用于科学计算、工业计算、云计算等领域，推动了我国石油勘探、气象研究、汽车制造、生物制药、互联网等产业的高速发展，以及流体力学、物理、化学、基因、材料等基础科学领域的发展。从大数据分析、电影特效制作，到智能制造、卫星发射，都离不开高性能计算机的支撑。

近年来，高性能计算取得了多方面、深层次的发展，目前正向每秒百亿亿次计算速度迈进。美国和中国在高性能计算方面显示出明显的领先优势：第 52 期的全球超级计算机 500 强榜单中，美国能源部的 Summit 维持了榜首位置，第二名和第三名分别为美国的 Sierra 和中国的“神威 · 太湖之光”。“天河二号” (中国)、Piz Daint(瑞士)、Tinity(美国)、ABCI(日本)、SuperMUC-NG(德国)、Titan(美国)、Sequoia(美国)则分列第四名到第十名。在前 100 强中，美国有 35 台，中国有 12 台；500 强榜单里中国有 227 台，美国有 109 台。

2018 年超算领域在体系结构和应用方面的进步可圈可点，呈现两个重要趋势：一是异构架构在超算系统构建层面被广泛接受，二是人工智能应用有望成为超算的主流应用之一。

1) 异构架构在超算系统构建层面被广泛接受

TOP10 系统中异构超算占据七成。其中，NVIDIA GPU 构建的异构超算系统占五席。而且，随着人工智能技术在科学与工程计算中越来越广泛的应用，支持高性能张量计算的图形加速器硬件还会越来越多地受到超算中心决策者的青睐。特别需要指出的是，该架构最初作为应对功耗墙挑战的一种可行方案起步，其构建的超算系统历经 TSUBAME 系列机、“天河 1A”、Titan 到如今的 Summit，已经有 10 年时间，从最初在应用移植优化方面饱受质疑到现在已经初步兼具功耗和性能优势，体现了高性能计算社区在应用、算法、软件和硬件等方面持续协同创新的成果。从事核能研究为主，关注传统科学计算应用的美国劳伦斯·利佛莫尔国家实验室从上一代同构系统 Sequoia 转向 GPU 异构系统 Sierra，也是对这一成果的重要认可。在 GPU 加速器之外，异构系统天河 2A 选用 Matrix-2000 作为加速计算设备，NEC 的 SX-AURORA TSUBASA 选用向量处理单元作为加速器，相关技术的未来走向值得关注。

在同一芯片中集成不同计算核心的异构众核架构同样值得期待，该架构已经在我国的“神威·太湖之光”系统中实现并被证明有效。美国 CORAL(the Collaboration of Oak Ridge，Argonne and Livermore)计划所支持的第一台 E 级系统 Aurora 也将采用类似架构。

2) 人工智能应用有望成为超算的主流应用之一

算力一直被认为是人工智能再次起飞的重要基础之一。随着深度神经网络规模的扩大，最新的网络生成和训练往往需要数万 GPU 小时(如 BERT，NASNet 等)甚至更多。具有顶级计算能力的超算系统理应为大规模人工智能应用提供助力，不断拓展后者的技术边界。2018 年的“戈登·贝尔”奖选择大规模深度学习应用，入围应用中人工智能相关的项目也前所未有地占据了半壁江山，这一切都预示着人工智能与超算的结合将愈来愈紧密。

目前真正具有高可扩展能力的人工智能算法与应用并不多。以应用最为广泛的深度学习为例，增大批尺寸来提升数据并行性有可能导致收敛问题，从而限制可利用的并行资源总量，而模型并行又存在通信瓶颈。因此，人工智能应用仍需要持续创新以更好地利用未来更大规模的超算系统。而最新出现的进化神经网络方法就是在该方向上努力的成果之一，其相比现有的深度强化学习方法更具扩展性，也更具充分利用超算资源的潜力。美国橡树岭国家实验室基于异构超算系统开发出的多节点深度学习进化神经网络(multi-node evolutionary neural networks for deep learning，MENNDL)能够通过遗传算法进行网络拓扑与超参数优化，以自动生成优化神经网络，入围 2018 年“戈登·贝尔”奖的电子显微镜数据处理项目就是 MENNDL 的一个应用示例。

可以预见，更好地将人工智能技术与已有科学规律结合，创新科学发现方法和科学计算模型，会为构建未来超算应用和研发高可扩展并行系统创造新的契机(郑纬民等，2019)。2018 年 9 月，欧盟 25 个国家签署了“欧洲高性能计算联合计划”，计划筹集经费 14 亿欧元，致力于研发欧洲第一批 E 级超算先导系统，其目的是追求超算技术的自主权，进而推动本土高性能计算生态系统的发展。该项目的启动资金主要用于打造两台 E 级超算先导系统，以及至少两台可以排在全球前 25 的 P 级超算系统。该计划还包括欧洲处理器计划(European Processor Initiative，EPI)支持下的本土 HPC 处理器的研发。

此外，该联合计划还将支持更广泛的 HPC 生态系统的发展，其目的是拓展欧洲超级计算机的应用空间，并为 E 级超算系统的应用做准备。这项工作将通过欧盟资助的 HPC 应用卓越中心项目(Centres of Excellence for HPC Applications)进行，主要包括气候变化、生物分子研究、材料设计、天气预报、个性化医疗、制造业以及石油勘探等领域的应用。最终，不管是公共的还是个人的 HPC 用户都可以访问这些应用程序以及相应的超算系统。

然而，14 亿欧元并不包括欧洲 E 级超算系统的部署，欧盟提议另需 27 亿欧元，用于研发至少一台 E 级超算系统以及数台有可能基于最新量子计算技术的后 E 级超算系统，第一台 E 级超算系统预计将于 2023 年研发成功。

就 E 级超算系统的研发计划而言，欧洲的进度至少比中国、美国和日本落后两年。但是欧盟的目标不是在世界 E 级超算竞赛中取得胜利，而是利用这一里程碑式事件作为发展本土超算技术和提高本土供应商能力的催化剂，研发出的最新技术也会用于 HPC 相关的诸多领域，如机器学习和数据分析等。

制定这一战略的动机主要是欧洲意识到了 HPC 在区域数字经济中的关键作用，特别是在医疗保健、农业、城市规划、能源生产和自动驾驶汽车等领域。这一战略同样反映了欧盟希望摆脱对于国外技术和供应商的依赖，追求超算技术的自主权仍是欧盟的重大举措。在当前全球 HPC 技术、相关供应链以及供应商已经发展了数十年的情况下，用国内自主产品取代进口产品将需要大量的前期投资。欧盟希望通过将 ARM 和 RISC-V 作为其下一代超级计算机的基础，至少在一定程度上缓解这一过渡。但目前公认的是，至少在可预见的未来，HPC 所需的基本硬件(如内存、磁盘和其他服务器组件)将继续由全球供应商提供。

回顾我国的高性能计算，虽然发展较晚，但技术革新迅猛，有迎头赶上的势头。在 2002 年之前，我国的高性能计算机未曾向国际申报 Linpack 性能测试结果，故未列入 500 强排行榜。2002 年，中国软件行业协会数学软件分会首次发布中国高性能计算机排行榜，当时排行第一的联想“深腾”1800 万亿次机群在 2002 年 500 强中排第 43 名，结束了在 500 强排行榜中没有国产高性能计算机的历史。此后我国高性能计算系统的国际排名逐步提升。2010 年，我国“天河 1A”千万亿次超级计算机以 2.56 PFlops 的 Linpack 性能夺取 2010 年 11 月 500 强排行榜的第一名，代表中国国产超级计算机首次成为世界第一；安装在我国的超级计算机的上榜数量也首次超越日本和欧盟，仅次于美国，排名世界第二，这标志着我国超级计算机硬件的研制水平已在国际上领先。之后，我国“天河二号”“神威 · 太湖之光”等超级计算机多次夺取 500 强第一名，国产超算系统上榜数量也实现了对美国的赶超成为世界第一，并在 2016 年首次获得“戈登 · 贝尔”奖，说明我国超算系统的研制能力和应用水平已经跻身世界先进水平的行列(张云泉，2019)。

2. 基于高性能计算的科研进展

许多重大的科研成果离不开高性能计算的支撑，这就不得不提及“戈登 · 贝尔”奖。一年一度颁发的“戈登 · 贝尔”奖用于表彰世界范围内高性能计算的杰出成就，尤其是高性能计算应用于科学、工程和大规模数据分析领域的创新工作。2018 年入围最终评奖的工作一共有六项，分别来自不同领域，既有传统的科学计算应用，又有新兴的深度学习和图计算应用。其中，有五项均以 TOP500 最高性能机器 Summit 作为测试和优化平台，另有一项围绕我国的“神威 · 太湖之光”展开。

最终获得 2018 年“戈登 · 贝尔”奖持续峰值性能奖的应用来自基因组学计算领域，由橡树岭国家实验室的研究团队领衔完成，是首个达到每秒钟百亿亿次计算能力的科学计算应用。该工作在橡树岭国家实验室的 Summit 上采用混合精度计算模式，峰值性能达到 2.3 ExaOps。该研究是高性能计算与生物信息学、医学相结合的一个典范。

获得 2018“戈登 · 贝尔”奖可扩展性与时效奖的应用来自气候变化研究领域，由劳伦斯 · 伯克利国家实验室和 NVIDIA 公司的联合研究团队完成，是首个可以有效扩展到 27360 块 GPU 加速卡的深度学习应用，其半精度计算的峰值性能也达到每秒钟百亿亿次，成功提升了气候变化研究人员在高分辨率气候模拟数据集中有效识别极端天气模式的能力。

入围 2018“戈登 · 贝尔”奖中唯一来自中国的应用是名为“神图”的图数据分析编程系统。“神图”所面向的对象不是传统的科学与工程计算应用，而是探索了在超级计算机上如何开展极大规模图数据的高效处理。图数据将数据抽象成点和边的数据形式，是一种典型的非结构化数据。图数据分析是大数据分析中的重要内容，在金融反欺诈、物联网管理、信息安全、网页搜索、社交网络分析、电网分析等领域具有广泛的应用前景。

“神图”基于“神威 · 太湖之光”超级计算机，针对极大规模随机通信、图结构的分布不均衡以及异构结点功能映射等问题，提出了中继消息聚合与路由、分化消息传播技术以及无锁数据分发技术等方法，有效利用了“神威 · 太湖之光”全机的处理能力和通信能力，能够高效扩展到全机千万核规模，在国际上首次实现了对包含 4 万亿个结点、70 万亿条边的合成图的快速分析，每一轮 PageRank 算法的时间只需要半分钟。在应用方面，对于搜狗公司提供的 12 万亿条边的真实中文网页图，“神图”完成一轮 PageRank 算法仅需 8.5 秒。与文献中报道的业界最先进系统相比，处理规模增加了一个数量级，同时，处理性能提高了超过一个数量级，实现了图计算节点规模、图数据规模、运行时间上的突破。

“神图”系统并不是一个特定的应用程序，而是一个编程框架，为用户在“神威 · 太湖之光”超级计算机上编写多种图计算应用提供了极大的便利。一个基于“神图”的图分析算法通常只需要数十行代码即可完成原先需要编写近万行代码才能实现的图数据处理功能，大大提高了开发效率。

参与此项工作的研究单位有我国清华大学、国家超级计算无锡中心、国家并行计算机工程技术研究中心以及瑞士苏黎世联邦理工学院等。

另外三项“戈登 · 贝尔”奖入围应用也各具特色，分别在量子色动力学模拟、城市震害模拟和电子显微镜数据处理的高效异构计算上取得了突破。

量子色动力学模拟项目属于传统的科学计算领域，其性能优化对 Summit 和 Sierra 的高密度节点配置做了深入考虑，主要关注三方面问题：①高密度节点的 CPU 开销最小化，CPU 资源是高密度节点处理能力的短板，因而节点内数据传输和网络通信尽可能少占用 CPU 资源成为提升应用性能的关键之一；②通信策略和通信参数自动调优，高密度节点配置使得节点内不同设备间数据传输存在新的优化空间；③并发任务的最优调度，发掘多任务在同一节点内并发执行的可能性。上述工作均基于已有软件框架进行拓展实现，与图形加速器异构架构性能优化方面的长期投入与积累密不可分。该工作也从侧面说明了从关注单一应用到关注整个应用工作流的重要性和必要性。

城市震害模拟项目关注的是非结构有限元计算中的大规模线性方程组求解问题。与已有工作不同的是，该工作在预处理中对难收敛区域引入局部操作来加速收敛，并引入混合精度计算来充分发挥 GPU 计算资源效能。对于时变计算问题中难收敛区域的识别更是采用了人工神经网络来预测，这也是人工智能技术在传统计算中应用的一个有趣实例。

电子显微镜数据处理项目同样关注深度学习的大规模训练问题。其不同之处是采用了类似 AutoML(谷歌公司在 2017 年创建的一个能够制造神经网络的 AI 系统)的思想，将深度神经网络结构优选和超参调优合并来考虑，由于利用遗传算法来进行网络优选，在传统的数据并行和模型并行的基础上开发了新的并行机会，可以更好地利用超大规模计算系统。该项目也有望推动实现全自动训练，并最终大幅加速训练过程和有效改进训练效果(郑纬民等，2019)。

超算常常用于大规模的科学研究。2017 年 3 月 31 日，据美国伊利诺伊大学厄巴纳-香槟分校报道，经分析 NCSA“蓝水”(Blue Waters)超级计算机的使用和性能技术报告及其运行的科学应用，研究人员发现：从 2013 年 4 月推出至 2016 年 9 月，“蓝水”的大部分计算时间被用于解决大规模科学应用难题，相关项目包括了解 1.6 亿个原子流感病毒衣壳的项目或者利用大量卫星数据来创建北极的高分辨率 3D 地图项目等。

在“戈登 · 贝尔”奖之外，高性能计算的应用场景也十分广泛，在材料、天文、高能物理、生物、天文、化学、量子领域都有所建树。

在材料领域，科学家利用超算实现纳米材料和器件的仿真与设计。根据 2017 年 11 月发布的《2017 年蓝水项目年度报告》，美国国家科学基金会与北卡罗来纳州立大学联合开展了一项项目，其重点是针对纳米材料和器件的高性能计算，以及开发用于相关模拟的千万亿次方法。研究人员计算了基于单壁碳纳米管的两种典型传感器配置的传感机制和能力，即用于乙烯检测的共价功能性传感器和用于葡萄糖检测的非共价功能性传感器。介电材料通过极化和去极化储存和释放电能，介电电容器在电能存储方面有着卓越的灵活性、自适应性和高效率，研究人员发现了一种实用且广泛适用的机制，可利用偶极聚合物的纳米结构工程来提高介电常数，确定并理解了将聚合物控制转换成纳米带的原子机制：通过从扫描隧道显微镜(scanning tunneling microscope，STM)尖端的电荷注入(发生在受控分子位点)来控制石墨烯纳米带的自下而上的合成。

在天文领域，超级计算力助黑洞观察。在黑洞首照引发全民狂欢的背后，也有一些专业的媒体与机构注意到全球八个天文望远镜观测黑洞产生的大量数据的处理使用了另一“神器”——超级计算机。据报道，负责“冲洗”照片的美德两家科研机构用各自的超级计算机将来自八个望远镜的每对可能的数据排成一行。通过比较，在数学上消除噪音，挑出黑洞的信号。每台望远镜上安装的高精度原子钟会为输入数据加上时间戳，让分析人员能够在事后对数据流进行匹配。

国家超级计算济南中心主任张云泉表示，超算在黑洞照片中的应用实际上是射电大数据的处理问题，要将这些射电大数据变成图像需要很强的计算与数据处理能力，只能依靠超算来完成，否则计算过程就要花费非常长的时间。其实，超算在天文研究方面的应用越来越多，之前对于引力波的发现与研究就利用了超算的强大算力。包括中科院国家天文台、中科院上海天文台以及中科院高能物理所等机构都在使用超算进行相关研究，并且有些机构自身就有小型的超算。目前，中国超算在计算宇宙大爆炸、地磁倒转等科学计算领域以及处理电子对撞大数据、天文射电大数据方面都有应用，未来中国超算还会进一步加强在 FAST“天眼”以及 SKA 超级天文望远镜项目中的参与程度(刘扬等，2019)。

在高能物理领域，美国研究人员利用超算解决 LUC 的大数据挑战。美国阿贡国家实验室的物理学家首次使用“米拉”(Mira)超级计算机进行大型强子对撞机(large hadron collider，LHC)模拟实验，给未来解译 LHC 数据指引了方向。阿贡领导计算设施(Argonne Leadership Computing Facility，ALCF)的研究人员帮助优化了超级计算机代码，使得物理学家们可以用比以往更快的速度模拟数十亿次的粒子碰撞。

CERN 的 LHC 是世界上最强大的粒子加速器。每次碰撞都可产生 1 兆字节的数据，这会带来巨大的数据量。即使过滤掉 99%的数据，每年仍会留下约 30 千万亿字节的数据让科学家进行分析，以用于范围广泛的物理实验(包括对希格斯粒子玻色子和暗物质的研究)。

为了解决这些数据带来的挑战，阿贡国家实验室的研究人员正在验证使用“米拉”超级计算机来模拟碰撞的潜力。这是领导级超级计算机第一次被用来进行 LHC 碰撞的大规模并行模拟。这也表明通过加速可以产生模拟数据的速度，超级计算机能够帮助驱动 LHC 进一步的发现。该项目还展示了如何利用领导计算资源来促进其他数据密集型高能物理实验。该项目研究人员勒孔特(LeCompte)认为，“米拉”超级计算机已很好地集成到 LHC 的工作当中，未来更多的模拟工作都可以最终转移给高性能计算机来完成。为了让 LHC 朝这个方向努力，研究团队计划增加“米拉”可以运行的代码范围，Sherpa(另一个事件生成代码)以及 Geant4(模拟粒子通过物质的代码)两组程序代码已进入候选之列(Jim，2015)。

在生物领域，科学家们利用超算模拟生物圈、创建对 CRISPR 基因组编辑工作的全原子模拟。据欧盟官网 2018 年 8 月 20 日报道，来自法国皮埃尔-西蒙 · 拉普拉斯研究所(IPSL)、法国地球科学与环境研究所环境冰川学和地球物理实验室(IGE/LGGE)和我国北京大学的研究人员，利用法国原子能委员会(CEA)国家大型计算中心(GENCI)的“居里”(CURIE)超级计算机模拟陆地生物圈，以了解植被与气候之间的相互作用。

2017 年 1 月，高性能计算专业网站 HPCwire 介绍超算对 CRISPR 基因组编辑工作的推动作用。文章称，过去十年，最令人关注的生物学突破之一是发现了基因组编辑工具 CRISPR/Cas9，其可以改变 DNA 并有潜力从根源上防止许多遗传性疾病的发生。研究人员在研究这种古老的免疫系统时意识到，改变指导 RNA 匹配靶标的序列，不仅可用于切割病毒 DNA，而且可在精确选择的位置切割任何 DNA 序列。此外，新的 DNA 片段也可以被引入到新的切割位点。CRISPR 技术发展迅速，可广泛应用于基础研究、药物开发、农业和治疗人类遗传疾病患者等。

在天文领域，基于超算的高精度计算辅助宇宙揭秘。据物理学网站(phys.org)报道，阿贡国家实验室的研究人员提出一种基于宇宙物理学标准模型进行预测的理论框架。研究人员还能针对这一框架获得的预测与实验数据进行对比，以期揭示差异，从而探索标准模型以外的新的物理学，最终以最小的量化规模彻底改变人类对自然的现有认知。

在化学领域，美国研究人员利用超算解析纤维素解构过程的化学特性。木质纤维素生物质，如玉米秆、稻草和木本植物等是生产生物基燃料和化学品的可持续来源，但复杂的生物质解构过程是生物质开发利用的主要障碍。美国能源部橡树岭国家实验室的研究人员此前发现了木本植物和废弃生物质如何更容易转化为生物燃料的信息。

在量子领域，中科院大连化学物理研究所的科研团队利用超级计算取得了量子分子反应动力学研究的重要进展，首次发现分波共振态，首次实现了在光谱精度对氟加氢反应共振态的研究，首次实现了四原子分子反应散射微分截面的计算，极大提高了人们对反应共振态和小分子反应动力学的认识。

该所信息中心协助分子反应动力学团队搭建了两个超级计算中心，共有计算节点 1050 台左右，存储节点空间 150T，理论峰值计算能力 500 teraflops。其中半数以上结点使用 infiniband 技术并行起来，以实现高效的 MPI 并行计算。这个计算平台可以高效运行目前流行的各类量子化学和动力学软件，以及该所自行开发的量子分子反应动力学程序。

此外，中科院近代物理研究所自 2008 年起就开展了基于 GPU 并行计算的研究工作，通过对比 GPU 模拟和物理实验的结果，验证了 GPU 应用于科学计算的可行性、高效性以及使用 GPU 架构服务器的高性价比和低功耗，奠定了 GPU 并行计算应用于加速器驱动次临界核能洁净系统散裂靶、小型中子源的研究设计工作的基础。

3.2.2 基于云计算的科研信息化

基于云计算的科研信息化取得了许多结果。2015 年 1 月，美国 NIH 宣布计划建立一个电子云基础设施，将其作为存储生物医疗数据与信息学工具的共享计算资源和仓储，从而将数据转化为知识。研究人员发布研究成果的方式包括在期刊、会议上发表文章和直接在专业网络内共享论文，他们需要一种可扩展的、简单易用的新机制，来利用云计算和高性能计算资源。NIH 拟建立的云基础设施可以实现数据的随时随地共享。当有人提出访问某潜在合作者的信息时，云设施可以从多个数据源挑选出一致的数据集。

在国内，中科院率先借助云计算进行科研信息化成果转换。中科院微生物研究所为克服微生物领域信息化所面临的一系列的问题和挑战，建立了一个整合的微生物领域科技信息化环境，针对海量数据信息进行存储、整合和计算，为相关领域的科研以及企业的使用者提供更好的服务体验。中科院微生物研究所建设了 IaaS，实现对各种不同信息化基础设施整合，为用户提供自有的数据存储和计算空间服务。针对目前已建设的一系列基础设施未形成按照学科领域纵向组织的问题，通过微生物领域的科技信息化环境建设，使各网络与微生物学科、领域的数字化设备纵向连接，实现了数据资源、文献资源和软件资源等的分享与共用，形成领域内科研人员可共享、无障碍、无缝链接的微生物领域的科技信息化环境。

中科院高能物理研究所的高能物理实验需要大型的复杂科学装置。面对海量实验数据存储、传输与分析处理等巨大的挑战，高能物理研究所采用了全新的信息化支撑手段。高能物理研究所依托院所两级高速网络环境、超级计算环境、数据存储环境等公共信息化基础设施环境，结合高能物理领域已有的数字化设备和信息化设施，充分发挥云计算、高性能计算、虚拟化、可视化等最新信息技术的特点，研发并集成了互联互通、海量存储、虚拟化管理、数据分析、计算和仿真模型等各类软件管理工具，形成了可实际应用和可持续发展的“高能物理科技领域云”(简称“领域云”)，为北京谱仪(BESIII)、大亚湾反应堆中微子实验(Daya Bay)、西藏羊八井宇宙线观测实验等高能物理大科学工程的科技创新提供云计算支撑；为江门中微子实验(JUNO)、硬 X 射线调制望远镜(HXMT)、大型高海拔空气簇射实验(LHAASO)、未来环形正负电子对撞机实验(CEPC)的设计和预研提供技术支持。

中科院广州生物医药与健康研究院通过 DNA 云平台支撑干细胞与生物医药科研协同创新。发展以干细胞与再生医学为基础的第三代医疗手段已经成为满足人民群众日益增长的医疗需求的重要途径。中科院广州生物医药与健康研究院在干细胞与再生医学战略性先导专项的支持下，利用现有云计算平台技术，在基础设施(IaaS)、平台(PaaS)和软件(SaaS)等层面，充分利用和整合超算环境、数据存储和网络等资源，构建了一个集数据整合、模型模拟、分析与可视化、协同工作为一体的干细胞与生物医药云平台，推动干细胞与药物研发从孤立零散的数据资源、软件资源及知识文献资源向集中共建共享和互联互通的云环境转变。

中科院北京基因组研究所为解决组学数据计算、分析、数据共享等方面的需求，开发了一套基于 Web 且可定制的可视化数据分析与管理平台(即生物信息云计算平台 http://biocloud.big.ac.cn)，方便科学家从事生物信息数据分析、数据管理及数据共享等工作。该平台目前还提供下载安装版，供用户在本地计算集群上构建生物信息云计算平台。

3.2.3 基于新兴计算的科研信息化

1. 新兴计算发展进展与趋势

近年来，各种计算技术竞相涌现，新兴计算中边缘计算技术与志愿计算技术在实际应用中取得重大突破，为后续新兴技术打下了坚实基础。以下概述边缘计算、志愿计算，并对它们在科研信息化中的实际应用进行介绍。

1) 边缘计算

边缘计算是为应用开发者和服务提供商在网络的边缘侧提供云服务和 IT 环境服务。具体而言，是指在靠近物或数据源头的一侧，集网络、计算、存储、应用核心能力为一体的开放平台，就近提供本地化服务的计算架构。边缘计算的目标是在靠近数据输入或用户的地方提供计算、存储和网络带宽。应用程序在边缘侧执行，在节省带宽的情况下产生更快的网络服务响应，满足行业在实时业务、应用智能、安全与隐私保护等方面的基本需求。

边缘计算是对云计算的补充和延伸，可以为物联网中的终端设备提供更便捷丰富的弹性资源，是连接信息、通信技术和操作技术的重要一环。具体而言，边缘计算具有以下特点。

(1) 智能化：将人工智能技术与边缘设备相结合，不仅可以协同利用多个设备中的弹性计算资源实现普通物联网终端的数据智能化分析，还可以将在其他平台(如云计算平台或本地高性能计算中心)不断优化后的智能模型及时更新到边缘设备上，使边缘设备具有持续、安全、可靠的海量数据分析能力，提供更便捷的智能化服务。

(2) 低时延：边缘计算平台采用分布式计算在数据源头处理计算任务，可以有效地缩短响应时间。一方面，平台通过实时跨域(如云计算平台)调度计算资源处理各类智能业务应用，如机械臂控制、危险物体识别、人员身份验证等；另一方面，平台可以提供超低时延响应，支持小区域高并发应用服务，使边缘计算广泛应用到自动驾驶、虚拟现实等场景。

(3) 低能耗：充分利用本地现有的网络资源以及边缘设备的空闲存储和计算资源，在边缘节点处对数据进行过滤、计算和分析，依据安全策略动态调整设备到云端的数据流量，减少数据传输量和网络带宽占用，从而降低数据处理成本和设备能耗。

(4) 可靠性：边缘设备的计算能力使边缘计算系统具有较高的可靠性，即使某个云服务由于网络故障暂时不可用，边缘设备上对数据的处理也可以暂时掩盖该故障，保证用户的正常使用。另外，分布式的架构使得边缘计算系统不会因为单点故障而产生较大影响，合理的任务负载均衡系统和异常环境下的资源调度机制可以全天候保障用户流畅地使用各类服务。

(5) 安全与隐私保护：网络边缘侧由于更贴近数据源头，可将数据本地化存储处理，保障用户的数据隐私。

边缘计算可以分担云计算云端的压力且相较于云计算实时性更好，此外，由于在边缘节点聚合处理数据再上传，可以节省带宽资源。边缘计算相较于端计算，更容易实现灵活配置和算力扩容，且升级更加灵活。

2) 志愿计算

志愿计算是聚集闲散计算资源的一种技术。具体而言，是指对人们(志愿者)为项目提供计算资源以进行分布式计算或储存的协调和安排。其中，志愿者是指拥有能够联通国际互联网的计算机的人。学校和商业等机构同样可以志愿提供计算机的计算资源。项目一般而言是特指科学地对理论性(基础性)问题的研究。

CAS@home 是国内第一个正式投入运行的志愿计算项目，它标志着中国志愿计算进入一个新的发展阶段。志愿计算是通过互联网让全球的普通大众志愿提供空闲的 PC 时间，参与科学计算或数据分析的一种计算方式。这种方式为基础科学运算规模较大、计算资源需求较多的难题提供了一种解决途径。对于科学家而言，志愿计算意味着近乎免费且无限的计算资源；而就志愿者而言，他们可以得到一个了解科学、参与科学的机会，以促进公众对科学的理解。

目前，志愿计算已成为一种较为成熟的技术，运行在主流的志愿计算平台——伯克利开放式网络计算平台(BOINC)上的世界各地的志愿计算项目已超过 100 个，数百万的志愿者参与其中。在中国，志愿计算的发展还处于起步阶段。

CAS@home 是在 CERN 的帮助下于 2010 年 1 月在中科院高能所启动的，其主要目标是推动志愿计算思想在中国的发展。项目服务器已部署完成；其后会与中科院计算技术研究所合作，进行蛋白质结构预测应用的部署。

蛋白质的功能由其结构所决定，蛋白质结构测定对生物理论、医学、制药等领域意义重大。由于 DNA 序列测定技术的迅猛发展和实验方法测定结构的局限，用计算的方法来预测结构显得越来越重要。目前，穿线法(threading)是主流的蛋白质结构预测方法，它主要通过将未知蛋白质序列与已知蛋白质结构库进行对比，对未知的蛋白质结构作出预测。通常已知蛋白质结构库都非常庞大，因此对计算资源的需求量也非常大，志愿计算恰恰为其提供了一个很好的平台。

2. 基于新兴计算的科研信息化

目前新兴计算技术为科研信息化提供了优秀的技术支持，目前已经有多个项目基于新兴计算技术取得了显著的成果。

1) 多样化计算能力为引力波发现提供支撑

2016 年，美国 NSF 召集来自美国加州理工学院、麻省理工学院以及激光干涉引力波天文台(Laser Interferometer Gravitational Ware Observatory, LIGO)科学合作组织的科学家共同对外宣布：人类首次直接探测到了引力波。这是前沿物理的重大进展，在多方面具有革命性意义。在 LIGO 探测到引力波的背后，多种计算技术发挥了关键的支撑作用。

LIGO 探测器由 10 个子系统组成，其中的数据与计算系统负责 LIGO 探测数据的采集、分配和计算等任务。为支持长达 5 个月的数据分析，满足科学家对计算资源的不同需求，LIGO 构建了多样化的计算资源体系。

(1) 专用计算。LIGO 的成员机构利用自己的计算资源构建了“LIGO 数据网格”，负责常规性的、需要及时处理的计算任务，即在数据产生的同时对其进行实时分析。

(2) 机动计算。根据动态需求，LIGO 可通过 NSF 资助的开放科学网格(Open Science Grid, OSG)获取机动计算资源，实现高通量计算。

(3) 分配式计算。NSF “极端科学与工程探索环境” 为 LIGO 分配了计算资源，包括传统的超算环境(批量提交，用户登录，共享文件系统)，也包括基于虚拟化的用户界面、无须再批量提交任务的超算环境。

(4) 志愿计算。LIGO 通过 “伯克利网络计算机开放基础设施” 项目参与 Einstein@Home 计划，利用志愿者的个人计算机寻找中子星信号。该计划适用于数据量较小、耗时很长的计算任务，负责搜寻连续的引力波信号(如脉冲星自转产生的引力波)。

在架构上，LIGO 的数据与计算系统分为两级，一级系统由位于探测站点(利文斯顿和汉福德)和加州理工大学的计算中心组成，探测站点的计算中心主要负责检测激光干涉仪的状态，加州理工大学的计算中心则负责处理一些需要及时完成的任务。原始数据经一级系统处理后，被分配给 LIGO 成员机构、OSG、XSEDE、Einstein@Home 等二级系统进行深入分析。

2) 基于量子计算的希格斯粒子发现

由加州理工大学和南加州大学的科研人员组成的一个研究小组已经验证，量子电路可以学习如何通过扫描原子粉碎实验数据来搜索新的粒子。他们在这次“理论验证性质”的研究中使用了 D-Wave 公司搭建的量子计算机，并用在目前已解决了的希格斯玻色子案例中。这意味着，一台初级量子计算机在某种意义上重新发现了希格斯玻色子。相关研究成果已发表在 2017 年 10 月 18 日出版的《自然》期刊上。

大型强子对撞机在 2012 年分别进行了两次实验，从光子碰撞的过程中找到了希格斯粒子存在的证据。为加快搜寻希格斯粒子的速度，物理学家使用了模拟数据来训练机器学习算法，使算法能判断希格斯粒子是否存在。主持过希格斯粒子搜寻工作的物理学家玛丽亚 · 斯皮罗普鲁(Maria Spiropulu)想确认量子计算机是否能加速希格斯粒子的搜寻，尤其是能否通过减少训练系统所需的模拟数据量来加速这一进程。她与物理学家亚历克斯 · 莫特(Alex Mott)合作，将学习过程翻译成能由 D-Wave 量子计算机来运算的代码。这类机器通过允许编码量子信息的超导回路落入其最低能量状态，来找到特定问题的最佳解决方案。研究小组对该理论进行了测试，并取得了成功。

纽约大学的一位物理学家认为，将量子计算机应用于实际的物理问题而不是通常的数学问题(如将整数分解为素数)十分新颖。他认为，虽然此前就知道量子计算机和物理研究会在未来发生某种关联，但这次的尝试给出了这种关联可能的形式。

不过与传统技术相比，该技术尚不具备明显优势。尽管如此，量子机器学习仍可以在未来的实验中发挥作用，特别是当数据量变得更大时。最终结果可能会对物理学以外的领域产生影响。

3) 基于量子计算的模拟高能物理实验

奥地利物理学家在 2016 年 6 月 22 日出版的《自然》杂志上撰文称，他们利用 4 个量子比特组成的量子计算机，实现了第一个高能物理实验的完整模拟。位于真空中的电磁场让 4 个离子排成一行，每个离子编码为 1 个量子比特，组成了一台简版量子计算机。研究人员用激光束操控离子的自旋，诱导离子执行逻辑运算。经过 100 多步计算后，科学家成功对量子电动力学的一个简化版预测进行了证实：能量转化成物质，制造出 1 个电子和其反粒子(一个正电子)。

研究中使用的量子计算机仅有 4 个量子比特，但未来量子计算机的应用，可能需要数百个量子比特以及复杂的纠错代码。不过，由于物理学模拟能容忍少量错误，30～40 个量子比特或许即可满足条件。研究人员表示，进一步扩大设备规模可以支持更复杂的计算，解决更多的问题。例如，帮助科学家理解两个原子核的高速碰撞以及中子星甚至中微子等。不过，研究人员也指出，突破硬件制约和研发新的量子算法可能需要数年时间，同时，也需要对实验进行修改和升级来扩大计算规模(刘霞，2016)。

4) NSF 资助计算工具开发，为创建生命之树提供支持

2012 年 6 月，美国 NSF 启动了一个新项目，计划创建一棵综合的“生命之树”，汇总所有已知物种间的联系。科研人员将为实现生命之树的自动更新提供基础设施和计算工具，并开发可研究生命之树的分析和可视化工具。NSF“生命之树的组建、可视化和分析”(AVAToL)项目将为三支研究小组提供总计 1300 万美元的资助。这三个项目分别如下。

(1) 自动的、团体驱动的生命之树综合。

该项目将创建首棵由 180 万命名物种组成的在线的、综合的进化树，并提供给公众和科学家访问。进化树的创建将纳入之前发布的成果，以开发、测试和改善数据综合的方法。该进化树被称为“开放的生命之树”，它是动态的，科研人员会开发相关工具，以便随时将新数据加入进化树，实现更新和修正。

(2) 支架——生命之树的比较分析工作流程。

在处理海量数据时，科研人员面临的一大基本挑战是如何将信息组织成可用的格式，以激发新的科学见解。该项目将开发一种可视化进化数据的方法，使科研人员能对有机体间的联系一目了然。项目组将为科研人员可视化和整棵生命之树的数据分析开发软件工具，以从多个进化、空间和

时间维度开展比较生物学全领域的研究。

(3) 面向生命之树的下一代表型组学。

该项目将延伸和调整计算机视觉、机器学习和自然语言处理方法，以在生命之树的广大范围内实现物种表型的快速、自动化研究。项目组的目标是使用新方法开发大型表型数据库，为未来科研团体和公众开展类似工作提供工具。该项目利用影像分析和自然语言处理的最新进展来开发新方法，以快速推动用于生命之树的表型数据的收集和分析。

5) 结合云计算和超级计算的分子动力学研究

分子尺寸极小，且振动快速，因此一直以来都难以通过实验来研究分子动力学。即使使用在飞秒尺度计算分子运动变化情况的计算机模型，也达不到理想的效果。科学家必须首先建立一个分子运动的精确模型，然后在保证足够高时域分辨率的情况下使模型运行足够长的时间，最后对模型产生的大量数据进行分析。斯坦福大学的生物物理科学家潘德(Pande)领导的团队正在利用云计算和超级计算在分子水平层面研究癌症等严重疾病的治疗。

潘德领导的团队利用 Folding@home 项目和 Google Exacycle 计划的云计算资源来对蛋白质折叠进行详细的分子动力学仿真。在 Folding@home 项目中，志愿者将其未使用的计算机资源贡献出来，用于运行分子动力学仿真，并将结果返回给 Folding@home。Google Exacycle 计划也采用类似的方式，不同之处在于 Google 提供了所有的计算资源，而研究人员需要向 Google 申请使用时间。这两种云计算对于需要大量计算能力、对 I/O 和通信需求较低的任务都十分有效。

但是如果仅使用云计算，科学家尽管能够获得很多数据，却需要在分析方面耗费很多精力。超级计算机具有很高的网络速度、巨大的存储容量、紧密的计算节点间联系，这与云计算大不相同。潘德团队将云计算和超级计算结合了起来，首先借助 Folding@home 或 Google Exacycle 进行原始轨迹运算，然后利用 IBM 的“蓝水”超级计算机分析运算结果，再将分析结果返回给 Folding@home 进行处理。

通过结合云计算和超级计算的优势，潘德团队使分子动力学仿真在时间尺度上比类似实验长了一千倍。潘德认为，云计算和超级计算对其研究都十分关键，二者不可相互替代。

6) 高性能计算与云基础设施助力人类大脑项目

欧委会官网 2017 年 12 月 22 日刊文介绍，人类大脑计划(Human Brain Project, HBP)是欧洲有史以来最大的大脑研究项目。该项目利用高性能计算构建一个独特的 ICT 基础设施，以帮助研究人员了解大脑的组织和功能，及其相关疾病。

该项目的科学家利用高性能计算进行仿真和大数据分析方面的合作研究。人类的大脑十分复杂，普通的计算机还不足以模拟其中的一小部分，为此，科学家们需要拥有巨大计算能力的计算机。存储大量数据和运行模拟所需的巨大计算量，需要欧洲顶级的超级计算机。这些计算机位于德国、西班牙、法国、意大利和瑞士等国家的超级计算机中心(均属于 HBP 的成员机构)。

高性能计算是开展 HBP 合作研究的关键。随着深度学习技术的应用，研究人员执行的数据分析变得更加复杂。他们的工作需要巨大的内存容量、庞大的数据存储和千万亿字节级别的快速数据访问。数据交换要能在全欧洲范围内进行，而不仅限于研究人员自己的计算机。因此，欧洲 HBP 研究人员对前述五台超级计算机的利用需要进一步提升，为了满足研究人员的需要，HBP 正开发一个基于云的工具型基础设施，它将连接五台超级计算机，并且不论用户的地理位置，都可以为基础设施的所有用户提供巨大的数据存储和模拟能力。

3.3 网　　络

全球科研活动所采用的信息化硬件设施性能正全面升级。得益于精密芯片制造和无线传感技术的发展，高速传输网络的通用带宽已达 100 Gbps，骨干传输速度向 1Tbps 发展，发达国家的高速科研专用网络传输能力和传输速度不断大幅提升。

3.3.1 全球网络发展

1. 全球移动网络助力无处不在的第四范式科研

移动通信网络已经实现了从 1G 向 5G 的跨越发展。5G 网络将带来万物互联的时代。2012 年，国际电信联盟(International Telecommunication Union,

ITU)开始组织全球业界启动 5G 愿景、流量预测和未来技术趋势等前期研究，提出 5G 将在大幅提升“以人为中心”的移动互联网业务体验的同时，全面支持“以物为中心”的物联网业务，实现人与人、人与物，以及物与物的智能互联的总体愿景。随着研究的不断深入，业界对 5G 业务场景与关键指标的共识逐步收敛。ITU 规划 5G 所涵盖三大应用场景：增强移动宽带、海量机器类通信和超高可靠低时延通信。在关键能力指标方面，ITU 提出了峰值速率、移动性、时延、频谱效率、用户体验速率、连接数密度、流量密度和能效等关键能力指标。具体而言，5G 用户体验速率高至 1Gbps，能够支持移动虚拟现实等极致业务体验；5G 峰值速率可达 10～20Gbps，流量密度可达每平方米 10Mbps，能够支持未来千倍流量增长；5G 连接密度可达 100 万个/km^2，支持海量物联网设备接入；5G 传输时延将至毫秒量级，满足车联网和工业控制的严格要求；5G 能够提供 500km/h 的移动速度(如高铁环境)下顺畅的用户体验；5G 的频谱效率将比 4G 提高 3～5 倍，能效将比 4G 提升 100 倍。

5G 的发展和部署将为未来的科研信息化带来更多的活力，助力无处不在的第四范式科研。首先，5G 将会带来更多的科学数据，随着万物互联的发展，科研信息采集装置全面具备了无线传输能力，欧美发达国家已将无线传感器网络部署到城市、农田以及各类生态等科学研究区域中，全面搜集物理世界的各种特征信息，越来越多的数据可以成为科学研究的材料；其次，5G 将会使科研移动应用更加深入，无线宽带、新型可携带设备和创新网络服务的发展带动了移动计算的快速发展，也掀起了科研移动应用的浪潮。2014 年，美国 NIH 投建“移动传感器数据到知识”国家卓越中心，开发创新性工具，更轻松地采集、分析和解释移动与可穿戴传感器产生的医疗数据。用于科研数据处理的移动应用 APP(如 ChemDoodle、iProtein、DataAnalysis)等发展迅速(陈明奇等，2016)。科研移动应用势必成为科研信息化的又一重要发展趋势。

2. IPv6 助力科研信息化应用创新

随着互联网的爆炸式发展，IPv4 地址即将耗尽，IPv6 横空出世。IPv6 的 IP 地址长度从 IPv4 的 32 位升级为 128 位，一举解决了 IP 地址耗尽的问题，号称“可以为全世界的每一粒沙子编上一个网址”。由于技术的后发优势，IPv6 在服务质量、速率、安全可靠和可管可控等方面都有一定的优势，用户在使用 IPv6 之后能够获得更好的用户体验。

IPv6 的发展是从 1992 年开始的，截至 2016 年 9 月底，全球共有超过 220 个国家和地区组织申请了 IPv6 地址，申请量已经达到 IPv4 地址的 18 万多倍，其中 25.4%的地址块已通告使用。目前，IPv6 已被广泛部署和应用，并仍在不断稳步增长。IPv6 已成为一些主要网络运营商的网络主体。IPv6 从 1998 年由中国教育和科研计算机构(Chinese Education and Research Network, CERNET)首次引进中国，2003 年被国家提上了发展日程。但从 2008 年以后，我国 IPv6 的发展速度开始放缓，开始落后于国际水平。2017 年 11 月 26 日，中共中央办公厅、国务院办公厅印发了《推进互联网协议第六版(IPv6)规模部署行动计划》，正式宣告了全面部署 IPv6 时代的来临。

5G、物联网、工业互联网等新兴技术领域对 IP 地址空间的需求巨大，只有 IPv6 可以满足这样的地址需求。因此，IPv6 的发展将会推动技术的进一步发展和演进。此外，IPv6 与当前所倡导的智慧城市、智慧教育等概念相契合，能够助力科研信息化，开展很多有意义的应用创新。例如，IPv6 与超算中心等重大基础设施结合，可实现大规模科学计算和协同服务等。

3.3.2 科研教育网的发展

宽带网络尤其是科研专用网络，支撑着一切基于网络的科研信息化活动。根据谷歌公司于 2015 年的统计显示，目前世界上有 117 个国家和地区都建立了国家教育科研网(National Research and Education Network，NREN)。按地区分布如下：亚洲 19 个，北美 2 个，非洲 23 个，南美洲 17 个，加勒比海地区 4 个，欧洲 40 个，中东及中亚 12 个(中国教育与科研计算机网，2019)。早在 1996 年，美国政府就发起下一代互联网(Next-Generation Internet，NGI)行动计划，建立了下一代互联网主干网超高带宽网络服务(very high-speed backbone network service，VBNS)，并正式启动 Internet2 计划。作为美国的重要战略盟友，加拿大也支持了 GÉANT 发展计划，以美加为主的北美地区已成为全球下一代互联网高水平的代表。2001 年，欧盟正式启动下一代互联网研究计划，建立了横跨 31 个国家的泛欧科研教育网 GÉANT，并以此为基础全面进行下一代互联网各项核心技术的研究和开发。日本、韩国和新加坡三国在 1998 年发起建立“亚太地区先进网络”(Asia-Pacific Advanced Networks，APAN)，加入下一代互联网的国际性研究。目前，全球大规模学术网基本可分为三大主体：欧盟的 GÉANT、北美的 Internet2 和亚太地区的 APAN。

1. 欧盟 GÉANT

GÉANT 网络和计划是欧盟 e-Infrastructure 战略的核心，GÉANT 是高带宽的泛欧科研教育骨干网，是专门支持 e-Science 的全球科研网络的核心。它连接着全欧 34 个 NREN 和全球类似网络，在欧洲连接超过了 1 万家机构和 5000 万的用户，是世界最大、最先进与多样化的科研教育网络体系(GÉANT，2019a)。

GÉANT 网络由欧委会和欧洲 NREN 共同资助，由 GÉANT 协会负责组建与运营，41 个合作伙伴参与其中，包括 38 个欧洲 NREN 和北欧五国科研与教育网。GÉANT 还与其他地区的科研专用网络，如美国的 Internet2 和能源科学网(Energy Sciences Network，ESnet)、非洲的“连接非洲”(AfricaConnect)、亚太的跨欧亚信息网络(Trans-Eurasia Information Network，TEIN)相连通，帮助全球半数国家的研究人员开展合作。

GÉANT 项目启动于 2000 年 11 月，并于 2001 年 12 月正式投入运营，全面取代了原新一代泛欧高速科研网 155Mbps 跨欧洲网络(Trans-European Network at 155 Mbps，TEN-155)。GÉANT 项目原定结束时间为 2004 年 10 月，但实际直至 2005 年 4 月才彻底结束。其第二代网络名为 GÉANT2，于 2004 年 9 月启动、2009 年结束。此间，项目规模不断扩大，囊括了 34 个国家的 30 个国家网络。第三代 GÉANT 项目(GN3)于 2009 年 4 月 1 日启动，2013 年 4 月结束。此后，GN3plus 项目取代了 GN3。GN3plus 计划运行时间为两年，由欧盟第七研发框架计划提供资助。目前，该项目已运营到第四代(GN4)。

除了为全欧提供高带宽连接外，GÉANT 网络还充当了新技术的实验台。GÉANT 是第一个国际范围内部署的“混合”网络，结合了路由 IP 和交换式基础设施，能够为大型强子对撞机等项目提供一般流量以及虚拟“私有”网络路径。这类项目对专用带宽、安全性和灵活性有特殊的要求。

2002 年起，GÉANT 支持原生 IPv6；2004 年起，GÉANT 支持组播 IPv6。GÉANT 还被用于开展网络研究，如载波级网络技术、光子交换、联邦网络体系结构和虚拟化等。

2013 年，GÉANT 完成了一个大规模网络迁移项目，可以为用户提供数百 Gbps 的链接，核心网络可达 500Gbps，网络设计可高达 8Tbps。目前，每天有超过 1PByte 的数据通过 GÉANT 主干网进行传输。

2. 美国 Internet2

20 世纪 90 年代起，美国陆续提出下一代网络建设的三大计划：美国政府的 NGI 计划、NSF 的 VBNS 计划和 Internet2 计划。其中 VBNS 和 Internet2 与科研信息化紧密相关。1995 年，NSF 正式启动 VBNS，使 NSF 的超算中心和 100 多所大学和研究机构通过高速网络相联。5 年后，VBNS 主要为政府提供服务，而绝大多数大学和研究中心则转向 Internet2 科研教育网。

Internet2 是于 1996 年成立的美国最著名的高等网络联盟，也代指此联盟开展的新一代网络开发计划。1996 年 10 月 1 日，美国 34 所大学的代表在芝加哥聚会，提议开发新一代因特网——Internet2，以提供高速互联网服务。Internet2 的建立不是为了取代现有的互联网，也不是为普通用户新建另一个网络，而是用于教育和科研。

Internet2 运营着全美规模最大、速度最快的跨海岸研究和教育网络，拥有先进的主干网，主干网带宽达到 100Gbps，总容量为 8.8Tbbps，光纤 15000 多英里[①]。该网络旨在提供高级定制服务，由科教社区开发的信任和身份框架对这些服务进行访问和保护。印第安纳大学负责运营 Internet 2 网络运营中心。Internet 2 为 317 所美国高校、60 个政府机构、43 个地区和州教育网络提供服务，并支撑着十万余个社区锚点机构、近 1000 个 InCommon 项目参与方、59 家合作企业，以及代表 100 多个国家的 70 个国家研究和教育网络合作伙伴。

Internet2 致力于推进研究和教育，其技术不仅推动了研究与教育发展，而且加速了全球技术发现，并对人类生活质量产生了持久影响，如宇宙起源、癌症治疗、气候变化等。其工作对商业、科学、体育、教育、新闻和医学都产生了影响。

3. 亚太地区先进网络 APAN

1996 年 3 月在日本筑波举行的亚太经合组织讨论会上，参会各方认识到为亚太地区的科研人员提供高端网络的必要性，并在 1996 年 6 月在韩

① 1 英里≈1.6 千米。

国首尔举行的 APII 论坛上提议建设 APAN。经过为期一年的频繁会议讨论后，APAN 联盟于 1997 年 6 月 3 日正式成立，旨在建设一个高性能网络，以推动下一代应用和服务的研发。APAN 为亚太地区的科研教育团体提供了一个先进的网络环境，同时促进了全球合作。APAN 的目标在于：①协调并促进网络技术发展，推进网络应用和服务；②为亚太地区科研教育团体提供一个先进的网络环境并协调其发展；③鼓励并促进国际合作。

澳大利亚学术与研究网(Australian Academic and Research Network，AARNet)、中国的 CERNET 和 CNGI-CERNET2 是亚太地区网络的主要组成部分。AARNet 是一个由大学和 CSIRO 共同组成的非营利公司，为澳大利亚高等教育、研究机构和其他合作者提供高性能的网络服务。

4. 中国教育和科研计算机网 CERNET

CERNET 是中国第一个接入 Internet2 的互联网。CERNET 是由国家投资建设，教育部负责管理，清华大学等高等院校承担建设和管理运行的全国性学术计算机互联网络。它主要面向教育和科研单位，是全国最大的公益性互联网络。

CERNET 始建于 1994 年，是全国第一个 IPv4 主干网。2003 年以来，CERNET 联合清华大学等 100 多所高校参加了由国务院批准、国家发展改革委员会等八部委联合组织的 CNGI 示范工程项目，建成了 CNGI 中规模最大的核心网 CNGI-CERNET2/6IX，在下一代互联网关键技术领域取得了若干重要突破，成为我国研究下一代互联网技术、开发重大应用、推动下一代互联网产业发展的重要基础实验设施。

目前，CERNET 拥有干线光纤超过 30000 千米，建成了长度超过 22000 千米、传输容量达到 40 × 100 Gbps 的 CERNET 光纤传输网，同时支持了两个 IP 主干网：一是 CERNET 主干网，采用 IPv4 协议，以 10Gbps～100Gbps 速度连接分布在全国 36 个城市的 38 个核心节点，接入高校及研究单位等 3000 多个，用户超过 2000 万人，成为达到世界先进水平的国家教育和科研信息基础设施；二是 CNGI-CERNET2 主干网，采用 IPv6 协议，以 2.5Gps～10Gbps 速度连接分布在全国 20 个城市的 25 个核心节点，接入高校、研究单位、企业研发机构等超过 500 个，IPv6 用户超过 300 万人，为我国参与全球范围的下一代互联网及应用研究提供了开放性的实验环境。

3.4 人工智能

作为当今最具影响力的技术之一，人工智能不仅深刻地改变了我们的生活，也为科研创造、科学发现注入了新的活力。

3.4.1 人工智能发展进展与趋势

1. 2019 年 25 大人工智能趋势

据知名机构 CBinsights 的分析，2019 年最值得关注的 25 个人工智能趋势如下。

1) 开源框架

由于开源软件的出现，人工智能的门槛比以往任何时候都要低。谷歌公司在 2015 年开放其 TensorFlow 机器学习库时引领了这一潮流，主要技术人员纷纷效仿。现在有许多开源工具可供开发人员选择，包括 Keras，Microsoft Cognitive Toolkit 和 Apache MXNet。

2) 边缘 AI

对实时决策的需求正在推动 AI 更接近“边缘”，使设备能够在本地处理信息并更快地做出响应。NVIDIA、苹果和许多新兴创业公司都专注于专门为人工智能工作负载构建芯片。

3) 人脸识别

从解锁手机到机场安检，人脸识别正在成为主流。早期的商业应用在安全、零售和消费电子领域取得进展，面部识别正迅速成为生物识别的主要形式。CBinsights 表示人脸识别技术在中国的重视度日益增高，中国对人脸识别技术的需求也越来越多。而美国的专利申请数目显示了该国对人脸识别技术的兴趣也在增高。虽然还不太成熟，但大量的早期应用已经落地，例如苹果在 IOS 10 系统中加入了人脸识别技术。

4) 医疗成像与诊断

美国食品和药物管理局(Food and Drug Administration, FDA)对 AI 医疗设备开了绿灯。AI 软件产品的快速监管审批为 AI 成像和诊断公司开辟了新的商业途径。在消费者方面，智能手机的渗透和先进的图像识别技术正在将手机变成功能强大的家用诊断工具。最具影响力的 AI 趋势之一将是

AI 用于医疗和诊断应用的批准和采用。数据显示，诊断应用是健康类 AI 应用投资交易的主要驱动。谷歌的 DeepMind 算法已经可以判断出乳房活检照片中肿瘤存在的可能性。

5) 预测性维护

从制造商到设备保险公司，AI 物联网可以为现有企业节省数百万美元的意外故障。预测性维护算法使用持续数据收集来预测设备故障。传感器成本的降低，人工智能的进步以及对边缘计算的推动，使预测性维护变得更加广泛。

6) 电子商务搜索

对搜索术语的语境理解正在逐渐走出“实验阶段”，但广泛采用仍有很长的路要走。尽管面临多种技术挑战，SaaS 初创公司仍然逐渐兴起，向第三方零售商销售搜索技术。

7) 胶囊网络

深度学习推动了当今大多数人工智能应用，但胶囊网络很快就会取而代之。与当前的卷积神经网络(convolutional neural network，CNN)相比，胶囊网络具有许多优点。对胶囊网络的研究还处于起步阶段，但此研究可能会挑战当前最先进的图像识别方法。

8) 新一代假肢

早期的研究是将生物学、物理学和机器学习结合起来解决假肢中最棘手的灵巧性问题。研究人员使用机器学习来解码来自身体感官的信号，并将其转化为移动假肢装置的命令。该行业将寻求更多发展，包括面向消费者产品的实验。

9) AI 临床试验

临床试验的瓶颈之一就是难以招募合适的患者。理想情况下，AI 可以从医疗记录中提取信息，与正在进行的研究进行比较，并向医生和患者提出相关研究建议。很少有创业公司直接在临床试验领域与客户合作，但像苹果这样的科技巨头正在大踏步前进。自 2015 年以来，苹果公司推出了两个开源框架，以帮助临床试验招募患者，并远程监控健康状况。

10) 生成式对抗网络 GAN

GAN 采用“AI 对抗 AI”的概念，包括生成器和鉴别器。生成器创建伪图像，而鉴别器将其与真实世界图像进行比较，并向生成器提供反馈。最终结果是一个恒定的反馈回路，产生越来越复杂的图像。随着研究的扩大，它将改变新闻、媒体、艺术乃至网络安全的未来。

11) 联合学习

使用独特的本地数据集训练 AI，可以极大地提高其性能，但用户数据也是隐私的。谷歌公司的联合学习方法旨在使用这些丰富的数据集，同时保护敏感数据。

12) 高级医疗保健生物学

利用神经网络，研究人员开始研究和测量以前难以量化的非典型风险因素。从视网膜扫描到分析皮肤颜色变化，AI 正在从无数来源解锁新的医学见解。AI 将继续解锁新的诊断方法，并识别以前未知的风险因素。

13) 自动索赔处理

保险公司和初创公司正在使用 AI 来计算车主的“风险评分”，分析事故图像并监控驾驶员行为。人工智能的进步正在改变以前缓慢的、人为主导的过程，并支持更快的索赔结算。

14) 假货识别

如今的网上购物中，假货比以往任何时候都难以识别。品牌商开始尝试人工智能技术。在线和实体商务中，AI 被用于识别仿冒产品和欺诈性商标侵权。

15) 无人零售

到目前为止，“亚马逊 Go”（Amazon Go）是唯一成功的无人零售商店。但是，盗窃依然难以避免，而防盗取决于商店运营的规模，以及可用的产品类型。此外，短期内，部署成本以及因潜在技术故障导致的库存损失也是个问题。

16) 后台办公自动化

基于 AI 的办公自动化正在成为一大趋势，但数据的多样性使其成为一项具有挑战性的任务。即便每个行业和应用都存在独特的挑战，不同的行业仍开始逐步采用基于机器学习的工作流程解决方案。

17) 翻译

在翻译中自然语言处理是一项挑战，也是一个尚未开发的市场机遇。百度和谷歌这样的大型科技公司开始在这个领域掀起波澜。各公司致力于改进翻译框架，翻译效率和语言能力将得到提高，各行业的采用率也将会提高。

18) 综合训练数据

访问大型标记数据集是训练 AI 算法的必要条件。但对于某些应用程序，访问足够的真实数据却未必可行。现实的假数据或合成数据集可以解决瓶颈问题。现实世界数据还可以通过混合 AI 生成的模拟数据来进行增强，以创建更大，更多样化的数据集。

19) 增强学习

研究人员正在通过增强学习推动 AI 的能力界限，但对大量数据集的需求限制了实际应用。尽管存在挑战者，但主要参与者正在对该技术进行更多投资，对 RL 应用的研究正在增加。

20) 网络优化

从促进频谱共享到监控资产以及为天线提供最佳设计，AI 正在改变电信行业。对于通信服务提供商而言，优化意味着更好的客户体验。电信运营商也在准备将基于 AI 的解决方案集成到 5G 无线技术中。

21) 自动驾驶

尽管自动驾驶汽车具有巨大的市场机会，但完全的自动驾驶时间表仍不明确。目前，物流等行业开始使用自动驾驶的车辆。虽然部署时间表仍不明确，各行各业都在积极投资并采用自主技术。

22) 作物监测

越来越多的企业正在接受作物监测 AI 来管理驱虫，发现作物问题，并预测天气变化如何影响农业。

23) 网络安全识别

计算能力和算法的进步将以前的理论攻击变成真正的安全问题。被动地对网络攻击做出反应已无法满足当下的网络安全要求。跨越不同业务类别，使用机器学习主动“搜寻”网络威胁正在成为新的网络安全需求。

24) 对话 AI

对于许多企业来说，聊天机器人成了 AI 的代名词。在健康和保险等领域，聊天机器人一直在努力分析和衡量情况的紧迫性。这是复杂度较高的工作，而 AI 有助于改善聊天机器人在这些领域的表现。即便如此，利用 AI 提升聊天机器人性能仍然是算法面临的一项特别艰巨的任务。

25) 药物研发

随着 AI 生物技术创业公司的兴起，传统制药公司正在寻求 AI 的帮助以求减少长期药物发现周期。虽然许多创业公司仍处于早期阶段，但他们已经拥有一批制药客户。

2. 人工智能的另一条发展路径——类脑智能技术初探

人工智能的迅速发展将深刻改变世界发展模式和人类生活方式。为抢抓人工智能发展重大战略机遇，各国均在构筑先发优势。类脑智能作为人工智能的另一条发展路径，也是实现通用人工智能的最可能路径，成为各国的关注焦点。

1) 类脑智能是人工智能发展的必要路径

当前人工智能存在两条技术发展路径。一条是以模型学习驱动的数据智能，另外一条是以认知仿生驱动的类脑智能。当前现阶段人工智能发展的主流技术路线是数据智能，但是数据智能存在一定局限性，如，数据方面需要海量数据和高质量的标注；自主学习、自适应等能力弱，高度依赖模型构建；计算资源消耗比较大，CPU、GPU 消耗量巨大；缺乏逻辑分析，推理能力不足，仅具备感知识别能力；时序处理能力弱，缺乏时间相关性；仅能解决特定问题，适用于专用场景智能。

类脑智能可以解决数据智能的局限性和不足。数据方面，类脑智能可处理小数据、小标注问题，适用于弱监督和无监督问题；更符合大脑认知能力，自主学习、关联分析能力强，鲁棒性较强；计算资源消耗较少，人脑计算功耗约 20 瓦，类脑智能可模仿人脑实现低功耗；逻辑分析和推理能力较强，具备认知推理能力；时序相关性好，更符合现实世界；可能解决通用场景问题，实现强人工智能和通用智能。

2) 类脑智能的定义

类脑智能是受大脑神经运行机制和认知行为机制启发，以计算建模为手段，通过软硬件协同实现的机器智能。类脑智能具备信息处理机制上类脑，认知行为表现上类人，智能水平上达到或超越人的特点。2018 年 8 月，Gartner 公司发布 2018 年新兴技术成熟度曲线，公布了五大新兴技术趋势，其中类脑智能、神经芯片硬件和脑机接口是重要技术趋势。

类脑智能发展有三个层面的目标，分别是结构层次模仿脑，器件层次逼近脑，功能层次超越脑。具体来说，结构层次，主要研究基本单元(各类神经元和神经突触等)的功能及其连接关系(网络结构)，通过神经科学实验的分析探测技术完成；器件层次，重点在于研制模拟神经元和神经突触功能的微纳光电器件，在有限物理空间和功耗条件下构造出人脑规模的神经网络系统，如研制神经形态芯片、类脑计算机；功能层次，对类脑计算机进行信息刺激、训练和学习，使其产生与人脑类似的智能甚至涌现自主意识，实现智能培育和进化，学习、记忆、识别、会话、推理、决策以及更高智能。

现阶段类脑智能研究发展依然缓慢。一是由于脑机理认知尚不清楚。大脑是人类进化的高级产物，重量约 1.5 千克，占体重 2%，功耗约 20 瓦，占全身功耗 20%，当前人类对大脑的认识还不足 5%，尚无完整的脑谱图可参考。二是类脑计算模型和算法尚不精确。神经元连接的多样性和变化性，使得前馈、反馈、前馈激励、前馈抑制、反馈激励、反馈抑制的建模不精确，脑功能分区与多脑区协同的算法不准确。三是现有计算架构和能力制约。现在计算系统是冯诺依曼架构，计算与存储分离，系统功耗高、并行度低、规模有限，而类脑计算系统是非冯诺依曼架构，计算与存储统合，高密度、低功耗，颠覆现有架构的代价较大。

3) 各国高度重视积极布局

先进国家积极布局类脑智能研发。美国于 2013 年启动“BRAIN 计划”，将大脑结构图建立、类脑相关理论建模、脑机接口等列为研发重点。欧盟于 2013 年提出“人脑计划”，重点开展人脑模拟、神经形态计算、神经机器人等领域研究。日本于 2008 年提出“脑科学战略研究项目”，重点开展脑机接口、脑计算机研发和神经信息相关的理论构建。韩国在 2016 年发布“脑科学研究战略”，重视脑神经信息学、脑工程学、人工神经网络、大脑仿真计算机等领域的研发。

企业争相布局类脑智能。IBM 公司围绕 Watson 系统和 TrueNorth 类脑芯片，意图抢先打造类脑智能生态系统；谷歌公司依托全球技术领先地位，在现有谷歌大脑基础上结合医学、生物学积极布局人工智能；微软公司提出意识网络架构，声称是具备可解释性的新型类脑系统。除龙头企业外，美国 Emotiv、美国 Neurallink、美国 Kernel、美国 Brainco、瑞士 aiCTX 等一批新兴公司在类脑智能方面取得多项研发成果，已部分进入产业化阶段。

我国积极统筹加速布局类脑智能，2006 年，《国家中长期科学和技术发展规划纲要(2006—2020)》中就把“脑科学与认知”列入基础研究八个科学前沿问题之一。2016 年，《“十三五”国家科技创新规划》也将脑科学与类脑研究列入科技创新 2030 重大项目。2017 年国务院《新一代人工智能发展规划》提出了 2030 年类脑智能领域取得重大突破的发展目标。我国于 2017 年、2018 年分别成立了类脑智能技术及应用国家工程实验室、北京脑科学与类脑研究中心，形成了“南脑北脑”共同快速发展的格局(王冲鹳，2019)。

3.4.2　人工智能助力科学发现

以下部分分别介绍了人工智能对于科学发现的部分重要成果。

1. 聆听宇宙之声，人工智能助引力波观测

2015 年，备受世人瞩目的引力波探测首次取得成功。LIGO 科学团队的三位代表获得了 2017 年的诺贝尔物理学奖。随后，更多的双致密天体并合引力波事件被 LIGO 探测到，引力波天文学得到了前所未有的蓬勃发展。然而，大量引力波事件的数据处理任务对现有的匹配滤波(matched filtering)技术来说是个巨大的挑战。因此，擅长大数据处理的机器学习方法——深度学习，开始尝试在该领域中发挥作用。这将开启引力波智能观测的新时代。

1) 引力波及其探测

引力的本质是时空弯曲。引力波是时空弯曲中的涟漪，通过波的形式传播。引力波携带能量，引力波源通过引力波向外辐射能量，因此引力波又称为引力辐射。现阶段能被实验仪器直接观测到的引力波源主要是双致密天体的并合。目前为止，由 LIGO 直接探测到的源于双致密天体合并的引力波事件已有多例(图 3-1)。

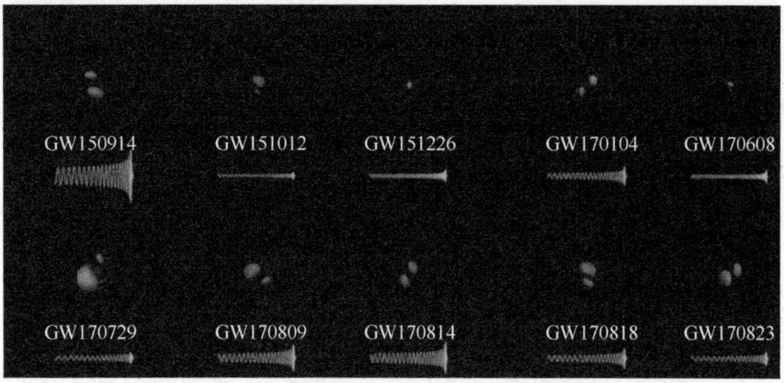

图 3-1　被 LIGO 探测到的双致密天体并合引力波事件

影响引力波探测能力的关键在于设备的灵敏度和理论模型。由于双致

密天体并合释放引力波的理论波形得到了很好的模拟，目前采用的匹配滤波进行相关的数据处理可以实现引力波类弱信号提取和波源参数估计。但是匹配滤波需要很大的计算量，处理速度就会很慢。目前，在 LIGO 探测器上使用匹配滤波对一例引力波事件进行数据处理需要数周甚至更长的时间。所以当愈来愈多引力波事件等待观测确认时，科学家采用了效率更高、学习和范化能力更强的深度学习，来进行引力波的信号识别和波源参数估计。

2) 深度学习

深度学习源于人工神经网络的研究，它是机器学习中一种基于对数据进行表征学习的方法，可以实现监督学习和非监督学习。常见的卷积神经网络就是一种深度的监督学习下的机器学习模型。

与传统机器学习过程类似，神经网络实现深度学习主要包括以下三步。

(1) 深入分析实际问题的数据结构，选择一个合适的神经网络模型。

(2) 依据具体问题，选择相应的损失函数，衡量模型当前参数下的预测结果与真实值之间的差距。

(3) 恰当地划分训练集(利用梯度下降算法训练网络)、验证集(避免过拟合)、测试集(检验网络的范化能力)，从而寻找到最佳参数(即当损失函数最小时对应的模型参数)。

3) 深度学习在引力波数据观测中的具体应用

发表在 *Science China-Physics*，*Mechanics & Astronomy* 2019 年第 6 期的文章“Applying deep neural networks to the detection and space parameter estimation of compact binary coalescence with anetwork of gravitational wave detectors”详细讨论了如何利用多层卷积神经网络实现 LIGO 引力波时域模拟信号(双黑洞合并引力辐射)的识别和波源参数估计。该文的主要工作如下。

(1) 引力波模拟数据集的构建。

利用有效一体模型给出的双黑洞并合引力波理论波形，模拟出了大量的时序引力波信号；同时根据 LIGO 各探测器的噪声功率谱，生成背景高斯噪声。对于同一引力波事件，在 LIGO 的三个探测器(Hanford，Livingston，Virgo)中可以各自响应出数据流。若干个类似的数据流可以组成训练集、交叉验证集和测试集，进行后续的网络训练和测试。

(2) 神经网络结构的设计。

网络结构的设计主要是确定神经网络的各项超参数，包括：学习率、正则化参数、神经网络的层数、每一个隐层中神经元的个数、学习的回合数、小批量数据的大小、输出神经元的编码方式、代价函数的选择、权重初始化的方法、神经元激活函数的种类、参加训练模型数据的规模。这些超参数的确定是深度学习成败的关键，也是整个工作过程中最耗时的环节。文章作者通过多次尝试，对比结果的范化性能得到了多层卷积神经网络结构，用于后续的信号识别和参数估计。

(3) 引力波信号的识别。

根据研究表明，通过深度学习能够有效地识别出高斯噪音中的引力波信号。随着引力波信号信噪比的增大，识别的准确率也明显提高。对于单个事例的识别能力可与匹配滤波相当，识别效率明显提高。

(4) 引力波源的参数估计。

估计的参数包括波源的光度距离及其方位等,并分析了探测器个数对该结果的影响。深度学习算法能够在一定程度上提高对引力波源的定位能力。

现阶段，真实引力波事件的数量不够充足，且很多波源理论模型尚待完善，因此深度学习在引力波数据处理中的研究还非常有限。但随着引力波探测水平和人工智能技术的飞速发展，深度学习数据处理的高效性将有望实现引力波及其电磁对映体的实时观测；同时，深度学习的高迁移性将为引力理论的发展给予有力的实验支撑。

2. 中国完成首例 AI+5G 心脏手术

2019 年 4 月，广东省人民医院与广东高州市人民医院完成全国首例 AI+5G 手术，成功为心脏病患者“补心”。手术期间的 AI 技术是由圣母大学计算机系终身副教授史弋宇提供。这次手术也是 AI 在临床上的一次落地应用。

在高州市人民医院心外手术室里，医生主刀进行心脏腔镜手术；在相隔近 400 千米外的广东省人民医院，专家通过观看大屏幕上 5G 传输的实时超高清手术画面，对高州市的手术进行远程指导。在这场手术前，医院使用到了自主研发的全自动 AI 去噪以及建模软件，一键完成建模，耗费时间从 2～6h 缩短至 2min 以内，并自动生成 3D 打印机可识别的 3D 数字心脏模型(STL 格式)，直接用来打印出实体 1∶1 心脏模型。对于这次手术，广东省人民医院用上了目前最热门的“黑科技”，其中多项技术均已申请专利，进行知识产权保护。史弋宇负责参与 AI 部分，主要用于术前准备阶段。

1) 图像压缩

医院把影像采集下来以后，要进行实时影像传输，史弋宇联合佛罗里达国际大学教授闻武杰共同完成面向机器学习的影像压缩，在数据接收端会自动对影像进行去噪，然后分割、建模。影像压缩的出发点和传统的压缩(如 JPEG)不同，JPEG 是针对人的视觉的，要保证压缩后没什么视觉上的损失。而该工作做的压缩是为了 AI 建模，不以人的视觉作为标准，而是针对计算机视觉的影像压缩。通过压缩，接收的图像体积变小，而且图像分割的准确度得到了提升，压缩率提升三倍，且能提升分割效果。

2) AI 去噪

在图像压缩过程中，还包含了一部分去噪技术。因为这里的图像是用来建模的，所以在压缩的过程中，同时把一部分噪声也去掉了。在去噪方面，使用了注意力神经网络，能够集中注意到图像里的噪声。

史戈宇团队对每一例影像进行自动去噪，最后的结果直接进行自动建模，不需要人工干预。这样就可以把心脏的模型建成一个可 3D 打印的模型。

3) 机器学习和传统计算机视觉的混合建模

对于结构性心脏病患者来说，他的心脏结构可能跟正常的心脏差别很大，史戈宇团队使用机器学习加传统计算机视觉的方法。对于心脏结构比较变化大的，使用一些传统计算机视觉的方法；对于心脏的一些精细结构，使用人工智能与传统计算机视觉方法的混合架构。整个心脏的三维建模时间大概是 2min，而且准确度在先天性心脏病上也比传统方法提升了 12%。如果使用传统 3D 建模方法，大概需要几个小时时间。

3. 人工智能加速专用纳米粒子的开发

人工智能可以下围棋，能够精确进行人脸识别，实现机器翻译……最近几年人工智能应用的突破几乎都离不开人工神经网络——一种模仿生物神经网络结构的计算模型，利用大量的人工神经元联结进行计算。2018 年 6 月，来自麻省理工学院的物理学家们尝试利用人工神经网络解决物理学问题，他们发现这一新技术让原来需要几个月时间才能完成的工作，变得异常简单高效，一个不具备专业背景的人，只需花费几分钟即可完成。

研究人员在《科学进展》上发表文章，讲述了他们如何利用人工神经网络对纳米颗粒进行仿真模拟和逆设计。

纳米颗粒一般是指一种人工制造的、大小不超过 100 纳米的微型颗粒，它是纳米光学器件的一种，在生物医学设备、隐形系统等领域有着广泛的应用前景。研究人员正在研究如何利用纳米粒子向肿瘤精准递送药物，如何用纳米颗粒破坏细菌群，治疗慢性细菌感染等。纳米颗粒是一个拥有多层结构的球体，放大来看跟洋葱的结构有点像，它每一层所用的材料以及厚度各不相同，这导致其表现出不同的性质。

设计纳米颗粒的结构是专业性极强的工作，其中涉及复杂的物理公式和大量的计算，从前期准备到完成设计，一个专业人士可能需要几个月的时间。如今，美国麻省理工学院的物理学家们设计了一个人工智能的工具，利用人工神经网络技术，让没有专业知识背景的人也可以完成纳米颗粒的结构设计，效率也提升了好几个数量级。

传统上来说，在纳米尺度设计光学器件的时候，需要进行全模拟的仿真，计算光与器件之间会产生怎样的相互作用，但是这种仿真具有非常大的计算量，通常做一次简单的仿真就需要花费几小时的时间。“而用人工智能的方法，利用深度学习的算法，训练出来一个神经网络，这个神经网络本身就可以用更快的速度来进行仿真。”麻省理工学院联合研究员、光学人工智能公司 Lightelligence 创始人兼首席执行官沈亦晨表示。

沈亦晨所在的实验组具有纳米光学的背景，拥有大量的数据，可以“告诉”神经网络不同的纳米颗粒对应的光学效果是怎样的，当数据量足够多的时候，神经网络就学会了光和器件之间相互作用的关系。“以后，如果我们要再产生新的器件的时候，就不需要从头到尾做一次仿真了。”沈亦晨表示。“直接用之前已经训练出来的神经网络，就可以以较高的精度预测出，这种器件与光会有怎样的相互作用。”

也就是说，从纳米光学的角度看，神经网络已经学习了整个现象，并且可以直接让人工智能来预测物理现象的结果，这套技术比传统的计算更加高效。“效率的提升是数量级的，原来需要几个小时的仿真模拟，现在只需要几秒钟就可以完成。系统越复杂，效率提升的倍数越高。”

反向运行是设计纳米颗粒结构的过程，被称作逆设计。研究人员对一个具有 8 层结构的纳米颗粒进行逆设计的研究，发现神经网络给出的结果非常准确。在整个研究过程中，研究人员针对 2～10 层的纳米颗粒训练了不同的神经网络，当纳米颗粒层数增加的时候，神经网络的体积也会增加。虽然训练神经网络会耗费大量的时间，但是，一旦被训练好，就会获得巨大的价值。研究结果显示，即使是针对复杂的逆设计问题，这一人工智能工具也非常易于使用和实施。“理工科的很多内容，包括光学，对于大部分人来说是比较艰深难懂的，让一个人设计纳米光学器件，普通人是做不了的。”沈亦晨说。“但是我们要开发的工具，希望能让普通人也可以使用，让一般受过教育的普通人就可以进行创新。”

沈亦晨希望在未来开发一套人工智能工具，人们不需要了解研究对象内部发生的物理现象是什么，也不需要知道内部的数学公式，只需要给人工智能网络一些关于现象的数据，这个网络就可以实现自我学习和优化，帮助没有专业背景的人涉足科技创新(李晓慧，2018)。

4. 机器学习在粒子物理学的应用

美国能源部斯坦福直线加速器中心(Stanford Linear Accelerator Center, SLAC)和费米国家加速器实验室的科学家们在《自然》杂志的一篇文章中，总结了机器学习在粒子物理学领域当前的应用和未来的前景。

1) 机器学习筛查大数据

机器学习已被证明在分析领域非常成功。为了处理像在 LHC 内进行的那些现代实验中产生的海量数据，研究人员应用所谓的“触发器”——专用的硬件和软件，它们能实时决定哪些数据可保存下来以供分析，哪些数据可以丢弃。研究人员称，机器学习算法至少可做出其中 70%的决定。

中微子实验也受益于机器学习。NOVA 项目研究了中微子在穿越地球时如何从一种类型转变为另一种类型，这些中微子振荡有可能揭示一种新类型中微子的存在，一些理论认为，这种中微子是暗物质粒子。NOVA 的探测器正在监视中微子撞击探测器材料时产生的带电粒子，并且，机器学习算法可以识别它们。

2) 识别特征 进行模拟

机器学习算法日益复杂和精细，为解决粒子物理问题开辟了前所未有的机会。机器学习的最新发展——使用神经网络进行深度学习，改进了粒子物理学家们的实验方式。

研究人员可以使用深度学习的许多新任务都与计算机视觉有关。如 NOVA 一类实验产生的数据很容易转化为实际图像，AI 可以很容易地从中识别特征。研究人员称，即使数据看起来与图像不同，但如果能够以正确的方式处理，仍然可以使用计算机视觉方法。这种方法一个非常典型的应用是对 LHC 产生的大量粒子射流进行分析。

深度学习的另一个新兴应用是粒子物理学数据的模拟，如预测 LHC 中的粒子碰撞会发生什么，并与实际数据比较。传统模拟通常很慢，且需要巨大的计算能力，而 AI 可以更快地进行模拟。

尽管有明显进步，但机器学习爱好者经常需要面对来自合作伙伴的质疑，部分原因是机器学习算法大多数时候就像"黑匣子"，很少能给出关于如何得出某个结论的信息。研究人员认为，质疑是好事，但质疑不应成为前进的障碍。在粒子物理学领域建立机器学习需要不断努力，以更好地理解算法的内部工作原理，并尽可能地与实际数据进行交叉检查(刘霞，2018)。

5. 人工智能在量子误差矫正中的应用

2018 年 9 月 27 日，德国马克斯 · 普朗克光学研究所所长弗洛里安 · 马夸特(Florian Marquardt)及其团队在物理期刊 *physical review X* 上发表论文，提出了一种基于人工智能算法的量子误差校正系统。

量子计算机可以解决传统计算机不能处理的复杂任务，但由于量子态对环境的恒定干扰极其敏感，量子计算机难以实际应用。而基于量子误差校正的主动防护措施可解决量子态的抗干扰问题。该研究受 2016 年围棋计算机系统 AlphaGo 的启发，尝试利用神经网络算法进行量子误差校正。围棋游戏中的生成对抗网络在训练过程总可以自动产生同分布的样本，且具有人类难以达到的计算能力，因此人工神经网络算法能够满足量子误差校正的计算需求。马夸特解释称，该项研究利用的人工神经网络算法是计算机科学领域的最新研究，该算法模拟了人类大脑相互连接的神经元结构，用于此次研究的神经网络算法中，每个人工神经元与另外多达两千个神经元相连接。

研究主要内容可概括为如下几点。

1) 人工神经网络优于其他纠错策略

量子计算机的基础是量子信息中的量子位，与传统数字比特只有 0、1 两种状态不同，量子位可以将两种状态进行叠加。这种量子纠缠使得量子计算机能够解决传统计算机无法处理的复杂任务。但是量子信息对环境中的噪声非常敏感，因此在量子计算工程中需要不断纠正量子信息。这种操作不仅复杂，而且纠正过程需要保证量子信息的完整。马夸特指出，生成对抗网络在训练过程中生成同分布样本的特性完美符合量子误差校正的特点。

2) 量子误差校正类似于一个具有特殊游戏规则的 AlphaGo 游戏

马夸特在介绍该研究的工作原理时提出了一个有趣的对比：把量子计算机的计算元件类比为 AlphaGo 游戏中的棋盘，黑白棋子表示量子位 0 和 1，不同的是，量子计算机还具有一种灰色的表示叠加量子位的“棋子”，而且这些表示量子位的“棋子”已经摆放在棋盘上。进行量子误差矫正实现某种量子态的过程类似于移动棋子使棋盘上显示某种特定图案，而周围环境的噪声就是下棋时的“对手”。“量子围棋游戏”还有一条特殊规则，当你在移动棋子实现量子误差校正时是不清楚“棋盘”上的状态的，因此量子误差校正的目的可以抽象成如何在这样一种奇怪的“棋局规则”下，将“棋子”移动到正确的位置。

3) 辅助量子位揭示了量子计算机中的缺陷

在量子计算机中引入了辅助量子位，并将其定位在储存实际量子信息的量子位之间。通过监控这些辅助量子位，量子计算机的控制器就能定位错误并进行相应的矫正，类比在“量子围棋游戏”中，辅助量子位就是一些分布在实际棋子之间的附加棋子，棋手只能通过观察这些附加棋子来决定实际棋子的下一步走法。该研究最初的想法是用一个人工神经网络担任“棋局游戏”中“棋手”的角色，但是实际实验表明，即使是很小规模的只包括五个模拟量子位的计算，单个神经网络仍不足以收集足够的量子信息，实验结果表明，单个的神经网络在训练过程中不但没有达到重建量子信息的目的，反而会造成相反的结果。

4) 利用一个网络训练获得的先验知识训练另外一个网络

该项研究添加了一个充当“老师”角色的附加网络，该“老师网络”通过其操控量子计算机室获得的先验知识去训练另外一个“学生网络”，使其能够进行正确的量子矫正。该设计的前提是“老师网络”足够了解其操控的量子计算机机器组成部件。

人工神经网络原则上是通过激励系统进行训练的。一次恢复量子初始状态的量子矫正被视为一次正确的激励。然而，在研究中，如果只以训练结果作为一次争取的激励的话，对量子矫正过程就太迟了，因此研究人员开发了一种新的激励系统，使得在训练阶段也能够激励“老师网络”采用更有前景的策略。类比在“量子围棋游戏”中，该奖励机制可以在不透露“棋局”细节的情况下在特定时间对“棋手”进行游戏状态提示。

5) “学生网络”通过自身行为可以在性能上超过老师网络

马夸特指出，该系统的首要目标是在无人为干扰的情况下进行有效的量子矫正。“老师网络”可以基于度量结果和量子计算机的整体量子状态达到该目的，而“学生网络”利用“老师网络”的先验知识训练后，不仅可以达到“老师网络”的同等效果，而且可以通过自身行为达到更有效果。

马夸特最后还指出，基于人工智能的模式识别不仅可以应用于量子矫正，而且在物理学的其他领域也能起到有效作用。

6. 人工智能算法被用于分析 LHC 数据

2015 年 11 月 9 日至 13 日，欧洲核子研究中心举办了一场研讨会，探讨先进的人工智能技术对 LHC 实验的促进作用。

人工智能早已被用于粒子物理学研究，2012 年，科学家们通过 ATLAS 与 CMS 两大 LHC 实验发现了希格斯玻色子，其中部分采用了机器学习技术，其可通过算法训练识别数据模式。科学家们通过这些算法对粒子碰撞的碎片进行了模拟，并学习从数以百万计的平常事件中发现罕见的希格斯粒子的衰变模式。

另一个 LHC 实验 LHCb 的目的是研究粒子与其对应的反物质之间的不对称性。LHCb 团队对探测器进行了编程，使之对温度和压力的轻微变化很敏感，因此在整个实验过程中无论何时出现条件变化，通过机器学习可实时决定保留哪些数据，这一点是该实验的创新之处。有研究人员称，未来几年，CMS 和 ATLAS 可能会追赶 LHCb 的步伐，利用探测器算法完成更多的实时工作，这将彻底改变目前的数据分析方式。

对人工智能决策的依赖性增大将提出新的挑战。采用各种算法达成的模糊标准摒弃那些从原理上看可能含有重大发现的数据，这引起了许多物理学家的担忧。尽管物理学家们强调不愿失去对算法的控制，数位发言人还是在研讨会上探讨了如何将深度学习技术应用于物理学研究。

7. 日本研究人员利用机器学习预测放射性物质扩散

2011 年，日本福岛第一核电站发生核泄漏之后，风和水流将放射性碎片扩散至四面八方，使这些碎片处于暴露的危险范围内。然而，现有的大气建模工具被认为是非常不可靠的，这使得灾难响应小组很难优先考虑疏散哪些人群。东京大学工业科学研究所的一项新研究表明，通过机器学习，可以准确地预测放射性物质的扩散情况。

由吉谦高雄(Takao Yoshikane)领导的研究小组对多年的天气模式数据进行了神经网络训练，以此预测放射性物质可能的扩散路径。令人印象深刻的是，该模型预测扩散的准确率能达到至少 85%，并且当研究小组调整冬季天气模式的参数时准确率高达 95%。

吉谦高雄表示，这种方法的准确性在预测未来超过 30 小时时并没有下降，这一点在灾难场景中极为重要。这使得当局有时间在受灾最严重的地区安排疏散计划，并向特定地区的人们提供相关指导意见，限制射性同位素的摄入。

研究人员认为人工智能驱动的模型可以帮助政府为未来的灾难做计划。由于当今模型的准确性有限，日本政府已经表示不会使用模型预测的方法来确定未来的疏散路线。

研究人员在报告中写道，为了降低辐射暴露的风险，政府应该在出现放射性沉积时，尽早发出有关用水和农产品分配的警告。然而，如果没有预测作为保障，将很难采取适当的行动。

8. “蓝脑”第五代超算机用于模拟哺乳动物大脑

据 TOP500 网站 2018 年 7 月 10 日报道，“蓝脑”(Blue Brain)计划成功部署了第五代超级计算机，有望于 2020 年实现模拟哺乳动物大脑的目标。“蓝脑”计划是 13 年前由瑞士政府资助、在瑞士洛桑联邦理工学院实施的项目。该项目旨在数字模拟哺乳动物的大脑，在 2020 年模拟小鼠的大脑，并希望在将来成功模拟人类大脑。

该项目部署的超级计算机是由惠普公司开发的 SGI8600 机，基于这台超算的系统被外界称为 BlueBrain5 系统。按照当前标准，该系统的计算能力并不算顶尖水平，它只能在 372 个节点上达到 1000 万亿次级的峰值性能，内存容量也仅为 94TB。BlueBrain5 系统搭载了 Intel Xeon Gold 6140 处理器和 Intel Xeon Phi 7230 处理器，以及 NVIDIA Tesla V100 GPU。Xeon Gold 处理器运行频率为 2.3 GHz，具有 18 个内核，而 Xeon Phi 处理器的运行频率为 1.3 GHz，配备 64 个内核。其外部存储使用的是 DataDirect 网络公司的一款 4PB 的设备，包括一个基于 80 GB/s 无线存储引擎的闪存型突发缓冲。该系统使用 Mellanox InfiniBand 技术互连。

为了实现模拟任务，研究人员为 BlueBrain5 系统设计了四个子系统，分别是用于从外部存储设备中提取数据的子系统、用于从内存中提取数据的子系统、用于可视化的子系统，以及用于协调另外三个子系统任务的通用子系统。BlueBrain5 系统已安装在卢加诺的瑞士国家超级计算中心。

研究人员表示，目前建模单个神经元需要大约 20000 个常微分方程，如果对整个大脑区域建模的话，该数目将由提升到 1000 亿个，因此，要想模拟哺乳动物大脑仍需要相当大的计算能力支持。大脑模拟任务需要对分子层面的基因及蛋白质类物质以及更复杂的突触、神经元、轴突和神经胶质细胞进行建模，是一项非常复杂的任务。研究人员计划搭建代表大脑的微型电路，该方法可以方便地对触摸和味觉等感官输入进行追踪和模拟。研究人员通过分析实验数据获得了一些模型的基础框架，但这些框架远远没有达到模型的需要的精度。因此模型搭建仍面临着如何将稀疏的实验数据转化为神经细胞与皮质结构的真实表示的挑战。

“蓝脑”计划的最终目的是模拟人类认知，并实现认知状态到微型电路的映射。如果人脑模型最终实现，将会用于阿尔茨海默病和创伤性脑损伤等疾病的医学研究。

9. 中科院微生物研究所首次利用人工智能设计出工业菌株

人工智能会给生物行业带来什么变化？中科院微生物研究所吴边团队在该领域率先取得突破，通过智能计算技术，创造出自然界中不存在的生物催化反应类型，并在世界上首次通过计算指导完成工业级菌株的构建。2018 年 5 月 22 日，该项成果在线发表于国际著名期刊《自然 · 化学生物学》。

“蛋白质的结构和折叠方式数据量非常大，以前只能通过实验室进行筛选，现在人工智能计算技术介入后能快速大量处理数据。”研究人员认为。2017 年，美国化学会将人工智能设计新型蛋白质结构列为年度八大科学突破之首。

如果把工业菌株比作一辆车，酶蛋白就是其核心发动机。研究人员在对天冬氨酸酶分子重设计后，成功获得一系列具有绝对位置选择性与立体选择性的人工β-氨基酸合成酶。随后，团队将非天然酶整合入大肠杆菌中，构建出可高效合成β-氨基酸的工程菌株。

据介绍，该项技术已完成中试与全尺寸生产工艺验证，产品潜在市场预计超 30 亿元，有望使用在紫杉醇、度鲁特韦与马拉维若等抗癌与艾滋病治疗药物的生产过程中，大幅降低生产成本。

10. CERN 科学家用人工智能新手段防御黑客攻击

据《科学美国人》杂志 2017 年 6 月 19 日报道，为了抵御黑客们的攻击，CERN 的科学家们将利用人工智能来对付网络黑客，保护与 LHC 相连的全球 LHC 计算网格(刘霞，2017)。

目前的网络探测系统一般通过扫描输入数据中与已知病毒和其他类型的恶意代码有关的信息来发现攻击，但这些系统对新病毒或恶意代码以及不熟悉的威胁几乎无用。而且，现在的恶意软件“变形”速度极快。另外，保护一个计算网格面临的最大挑战之一是：确保安全不能妨碍处理能力和数据存储的共享，因为全球各地不同实验室的科学家可能正在进行同样的研究，会使用同样的计算机，因而对网格的要求很高。CERN 也担心，与网格相连的计算机上可能有病毒或其他恶意软件，这些“不法分子”或许会借机进入整个网络并快速扩散。例如，某个病毒可能使黑客接管部分网格，并使用这些计算机来生成数字货币(比特币)或对其他计算机发动攻击。

CERN 的网络安全部门正在训练其人工智能软件，让其了解网络上正常行为与可疑行为之间的差别，若潜在威胁出现，可通过手机短信、电子邮件或计算机信息提醒工作人员。这一系统甚至能自动关闭可疑活动。CERN 希望，这一新方法能保护自己庞大的计算机网格。针对 CERN 的人工智能安全系统进行的升级仍处于早期阶段，将随着时间的推移慢慢铺开。第一个测试将保护大型离子对撞实验涉及的网格部分。大型离子对撞实验是 LHC 的关键组成部分，主要目标是研究铅核的对撞。如果在大型离子对撞实验上的测试取得成功，那么，CERN 基于机器学习的网络安全措施随后可能被用于防御其他六个探测实验使用的网格部分。

第 4 章　科研信息化应用

4.1　学科领域应用

4.1.1　物理学

1. 物理学科研信息化发展需求及核心要素

1) 物理学科研信息化核心要素

多年来，科学进展为粒子物理、核物理以及相关交叉学科领域提出了新的挑战。基础物理研究实验设施日益庞大、复杂和昂贵，需要新的信息通信技术、纳米技术、超导技术的支撑。粒子物理和空间物理开启了许多新的研究领域，需要对时空结构进行深入研究；现代核物理学一直致力于理解核稳定性的影响因素以及中子与质子的构成结构，这一切均有赖于庞大计算能力和先进信息化基础设施的支持。总体来说，物理学科研信息化核心要素如图 4-1 所示，主要包括由计算、存储、网络组成的 IT 基础设施和由实验数据、软件工具、信息文献组成的学科基础设施。

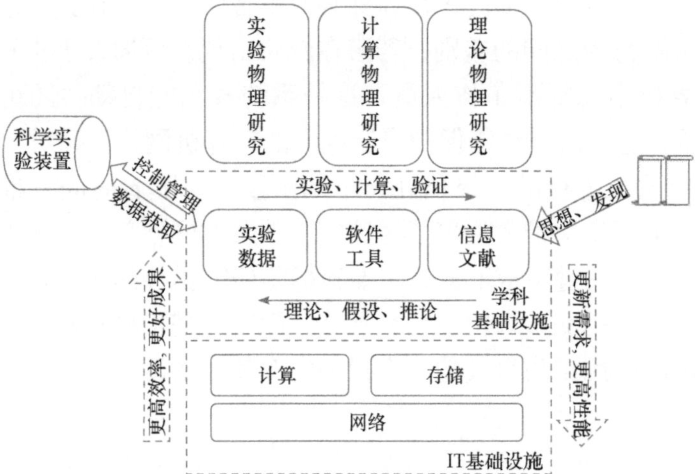

图 4-1　物理学科研信息化核心要素

2) 计算网格建设

物理学研究尤其是高能物理学研究，对计算环境有着极高的要求，需要超强的计算能力、海量的数据存储能力、高速的网络互联技术、大规模分布式协同处理能力，计算网格的出现满足了这一切需求。目前，网格建设是物理学信息化发展的主要特点，例如当今世界上最大的网格计算环境 LCG(LHC computing grid)就是专为大型强子对撞机而建的一个大规模计算网格和数据网格。高能物理实验产生的大量数据分布于世界各地，计算网格则将众多的计算资源集成到一个虚拟组织中，形成强大的计算平台，为相关研究提供充分的计算资源。

在 LCG 计算网格的研发过程中，分布式系统的诸多附加优势得以体现，包括不同站点能保存数据的多份拷贝，使得所有参与科学家都能访问；多个计算中心的闲置能力得到最优化的利用，提升了效率；在多个时区都拥有计算中心，使昼夜不停的监控易如反掌；不存在单点失效的问题；维护和升级的成本是分散的；研究人员可通过桌面即时获取相关资源，大大减少了“人才流失”现象；系统只需简易重新配置，即可随着网格生命周期动态的演进不断提升性能，满足不断变化的新需求；为未来计算资源的扩充方式留出了足够的灵活性；允许社区享用新技术，提高了易用性、成本效益、能源效率等。不过，对于巨大的网格分布系统来说，仍面临着严峻的安全挑战，必须设法予以解决。

3) 可视化

物理学研究已经进入千兆字节时代，人们必须借助辅助手段理解海量信息。作为一种开创性方法，可视化手段在帮助人们解读海量科学信息方面显示出独特的优势，迅速改变着人们理解和传播科学的方式。科学可视化在基础物理研究，尤其是在描述粒子碰撞结果方面能够发挥关键的作用，已经在大型强子对撞机上得到了应用。此外，可视化对更多的日常研究工作也助益匪浅。

2. 物理学科研信息化典型应用案例

1) 粒子物理学应用

(1) 人工智能助力粒子物理学研究。

机器学习算法日益复杂和精细，为解决粒子物理学问题开辟了前所未有的机遇。深度学习利用神经网络改进了粒子物理学家们的实验方式(刘霞，2018)。

中微子实验受益于机器学习。费米实验室的离轴中微子实验研究了中微子在穿越地球时如何从一种类型转变为另一种类型，这些中微子振荡可潜在地揭示一种新类型中微子的存在。实验探测器正在监视中微子撞击探测器材料时产生的带电粒子，机器学习算法可对其进行识别。

利用深度学习的许多粒子物理学研究都与计算机视觉有关，AI 可以很容易地识别实验数据特征，对大型强子对撞机产生的大量粒子射流进行分析等。为处理海量实验数据，研究人员应用所谓的“触发器”——专用的硬件和软件，实时决定哪些数据可保存下来以供分析，哪些数据可以丢弃。机器学习算法至少可做出 70%的决定。深度学习的另一个新兴应用是粒子物理学数据的模拟，如预测大型强子对撞机中的粒子碰撞结果，并与实际数据相比较。

(2) 量子计算机助力希格斯粒子发现。

由美国加州理工学院和南加州大学的科研人员组成的一个研究小组已经验证，量子计算机可以通过扫描原子粉碎实验数据来搜索新粒子。科学家们于 2012 年利用大型强子对撞机开展了两次实验，从光子碰撞的过程中找到了希格斯粒子存在的证据。为加快搜寻希格斯粒子的速度，物理学家使用了模拟数据来训练机器学习算法。为进一步探索量子计算机是否可以加快这一进程，特别是减少训练系统所需的模拟数据量，美研究人员们将机器学习过程翻译成由 D-Wave 量子计算机运行的代码，重新发现了希格斯玻色子。

2) 纳米材料和器件的仿真设计应用

美国普渡大学研究人员开发出一款工具，用于预测纳米级晶体管的设备性能和工作状况(NSF，2015)。该软件被称为“第五代纳米电子建模工具”，它能模拟电荷通过数个原子宽度的晶体管时所发生的多尺度、多相现象，辅助研究人员设计晶体管和量子点等未来纳米电子器件。普渡大学研究人员正利用国家超级计算应用中心的“蓝水”超级计算机，研究现有半导体技术的极限和未来器件的可能性。

3) 核物理学应用

面向我国核能自主化发展以及实施重大科技项目的需要，中科院核能安全技术研究所先进核能研究团队建设了“核能信息化科研协同平台”。该平台围绕重大核能科技项目需求，主要从三个方面开展设计：一是立足科研创新，建设虚拟核电站综合仿真体系；二是立足科研管理，建设信息化协同科研环境；三是支撑科研项目实施，建设多学科交叉人才队伍和智慧化研究所基础保障设施。该平台利用云计算、大数据、移动互联网等先进信息技术，立足智慧型研究所科研活动的信息化需求，涵盖资源管理、网上办公、决策支持与科研协同等四类功能，实现基于物联网技术的海量数据实时整合、基于跨平台的无纸化网上审批、基于智能分析的专家建议与决策、基于云平台的协同科研管理，实现人、财、物规范化管理，将计划、进度、质量、合同、项目、资源、奖惩、薪资、业绩评价等信息汇总整理，进行多维智能化定性、定量计算与可视化直观分析。该平台可以为研究所科研活动和管理统筹决策提供有力的数据及工具支持，目前已成功应用到研究所日常工作中，实现了所内办公基本无纸化以及各类统计分析自动化。

4.1.2　天文学

1. 天文学科研信息化发展需求及核心要素

1) 天文学科研信息化核心要素

现代天文学研究与信息化技术密不可分，天文数据是天文学研究的主要对象，包括观测数据与数值模拟数据。天文观测数据来源于望远镜、探测器等各类观测设施，观测设施本身的控制，以及观测任务的管理与调度等都需要信息系统的支持；观测数据获得之后，经过必要的预处理，方可成为可供研究的天文科学数据，天文数据管理与分析完全依赖于信息系统的支撑；天文数值模拟是基于物理模型对不同尺度宇宙或天体演化过程的模拟，其计算过程需要在超级计算资源上完成，对模拟结果的分析与数据挖掘也是天文学研究不可或缺的环节。观测时间的申请、数据获取、数据归档管理、数据处理分析、数据发布和开放共享，构成了天文观测数据的全生命周期。具体来说，天文学科研信息化核心要素如图 4-2 所示。

天体物理学的研究对象为宇宙中的各种天体。与其他学科相比，这些研究对象具有以下特点：极端的物性参数和环境，如密度、黏滞性、温度、压强等；极大的空间尺度范围，涵盖从行星、恒星、星系乃至整个宇宙一百多亿光年的范围；极长的演化时间，从宇宙的起源延续至今的时间长度。在宇宙形成早期的几亿年时光里所发生的物理过程，从数学描述来说基本上是线性和准线性的，而后在宇宙大尺度结构形成、星系和星系团形成、超大质量黑洞形成、恒星和行星系统形成的相继演化过程中，则表现出了强烈的非线性。对于这些占据极大部分宇宙演化时间的强非线性天文问题，由于理论和实验手段的局限性，数值计算尤其是高性能计算已成为研究中不可或缺并且越来越重要的手段。

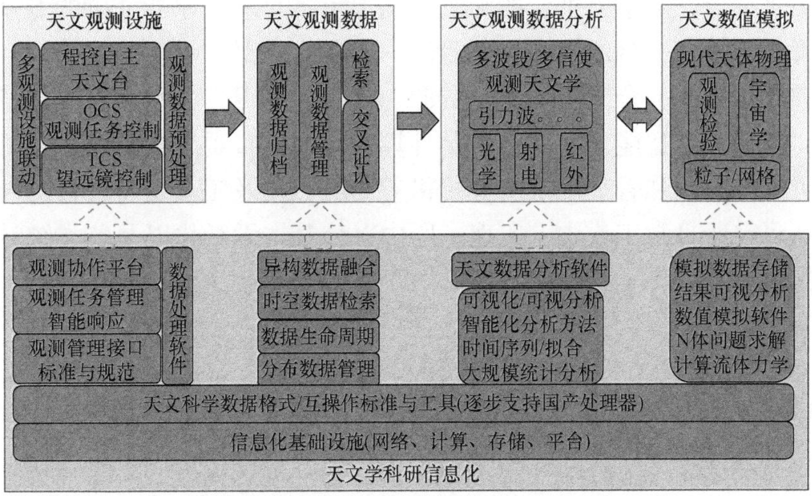

图 4-2　天文学科研信息化核心要素

超级计算机的快速发展，使天文学研究中的计算能力达到了前所未有的高度。在空间上，数值模拟可以研究更大空间范围的天体演化和更精细的天体结构；在时间上，可以在有限计算时间内模拟更长时间的天体动力学过程；在求解域上，可从求解单物理量方程扩展到求解多物理量耦合方程组，且可采用更逼近真实的物性参数；在应用范围上，从模拟天体物理过程扩展到了海量数据的分析和处理等。在当今物理和天文学的各个分支，例如恒星与行星的流体和磁流体动力学、宇宙学、等离子体天体物理、相对论天体物理、数据分析和数据处理等，几乎都可以见到高性能计算的身影。随着超级计算机的不断发展，高性能计算在天文学研究中的应用领域也不断拓展(王普勇等，2011)。

2) 信息时代的天文学发展趋势——虚拟天文台

近现代天文学最早起源于古代占星术，从十六世纪哥白尼提出日心体系学说开始，天文学进入全新发展阶段。现代天文学的发展经历了天文力学、天体物理学、射电天文学和空间天文学各阶段，进入 21 世纪后，随着空间和地面技术的发展、探测器技术的进步、先进地面和空间观测站的建立，以及宽带互联网络的普及和网格技术的应用、数据挖掘和可视化技术的引入、存储技术的提高、分布式和并行计算技术的完善，天文学步入了信息时代,成为数据密集型学科,其数据量动辄就达到 TByte 甚至 PByte。如此海量的数据使科研人员可以将复杂的数值模拟与统计上完备的数据进行有意义的对比,而高速互联网使全世界异地天文数据的交换和处理成为可能，观测数据具有巨大的潜在科研产出意义(赵永恒等，2002)。

天文观测的方式也有了新变化，更多是进行大规模的巡天观察。利用伽马射线巡天、X 射线巡天、紫外巡天、光学巡天、红外巡天和射电巡天所得到的观测数据，用适合的方法对数据进行统一规范的整理、归档，便可以构成一个全波段的数字虚拟天空；根据用户要求获得某个天区的各类数据，就仿佛是在使用一架虚拟的天文望远镜；如果再根据科学研究的要求开发出功能强大的计算工具、统计分析工具和数据挖掘工具，这就相当于拥有了虚拟的各种研究设施。这样，由数字虚拟天空、虚拟天文望远镜和虚拟研究设施所组成的机构便是一个独一无二的虚拟天文台。由此可见，虚拟天文台是信息时代里天文学发展的必然产物。

虚拟天文台将数据资源、计算资源、存储资源等各种资源融合在一起，为天文学家提供在线研究的平台和全新的科学发现机遇，其价值在本质上区别于建立新的大望远镜和空间计划等传统的天文学发展模式，对天文学的发展将产生长期而深远的影响。虚拟天文台的出现，显著地改变了天文研究的方式和方法，开辟天文研究的新领域(张彦霞等，2004)。

虚拟天文台向用户提供了可开展在线研究的门户和窗口。不同的虚拟天文台项目提出了不同的科学目标，大致可以总结如下(张彦霞等，2006)。

(1) 系统地探索数据：通过对多波段、多尺度、多时段天文数据的探索，研究宇宙的大尺度结构、银河系结构、低表面亮度星系，探索以前很少研究的观测参数空间。

(2) 探索时间域和图像域：研究不同时间域的数据，可以发现超新星和变星等一些变化的天文现象。对于图像数据，可以将其有效地参数化，通过多尺度分析或借助模式识别方法发现新的现象。

(3) 发现稀有天体与新型天体：在海量数据中进行彻底的宇宙探索，寻找稀有的未知类型天体。

(4) 对比巨型的数值模拟与观测数据：以前由于存储和计算资源的缺

乏而不能实现的任务，现在可以借助虚拟天文台实现。

(5) 多波段天文学、统计天文学和交叉学科的发展：多波段数据在虚拟天文台中的有机融合为多波段天文学研究提供了很好的平台，海量数据为统计天文学和数据挖掘等基于大型数据的学科提供了便利的实验平台。

在技术方面，虚拟天文台的长远目标是把世界上主要的天文研究资源无缝融合，包括观测数据、模拟数据、多媒体数据、天文文献、数据处理工具、天文观测设备、计算/网络/存储等资源，真正成为一个数据密集型的在线研究平台。

2. 天文学科研信息化典型应用案例

1) 引力波研究应用

(1) 深度学习助力引力波实时研究。

2018 年 1 月，位于伊利诺伊大学香槟分校的 NCSA 科学家利用由图形处理单元加速的深度学习技术成功监测和描述引力波(NCSA，2018)。这种新方法加快了引力波研究的速度，使得天文学家能利用更少的计算资源在更多的领域进行引力波的相关研究。NCSA 的研究人员将深度学习算法与数值化黑洞合并相对论模型以及通过 LIGO 获得的数据相结合，开发出一套端到端的时间序列信号处理方法——深度滤波器(deep filtering)。与其他引力波检测算法相比，深度滤波器具有更高的计算效率以及更小的计算误差，同时在异常处理方面表现更优秀。该方法能够更快地利用 LIGO 的数据对引力波进行处理，由于能够检测出新型的引力波源，该方法甚至会推动物理学新领域的发展。

英国格拉斯哥大学研究人员开发了一套人工智能工具来帮助搜寻引力波信号，为引力波天文学研究打下了坚实的基础(张娟，2018)。他们使用监督式深度学习构建了一种人工智能工具，能够从数以千计的模拟数据集中准确地筛选出被掩藏在噪声中的引力波信号。监督式深度学习能使系统从研究人员提供的三个数据集中学习。第一个数据集是培训数据集，确保系统学习的是研究人员希望它们学习的内容；第二个数据集是验证数据集，使系统能以研究人员期望的方式进行学习；最后一个数据集是测试数据集，帮助研究人员定量评估系统的性能。所有的计算密集型任务都发生在培训数据集中，这使得整个过程比传统的匹配过滤更快更有效。

(2) 信息化软件支撑 LIGO 及引力波探测。

美国劳伦斯 · 伯克利国家实验室官网介绍了该实验室软件(包括编程工具和管理程序等)如何支撑 LIGO 完成数据传输、管理、访问和分析等(Berkeley Lab, 2017a)。自 2004 年起，LIGO 利用劳伦斯 · 伯克利国家实验室开发的编程工具，建立有效的系统来分发数据，并测试爱因斯坦的相对论通用理论预测。LIGO 专门用于检测宇宙引力波，并解释这些波形，以提供更全面的宇宙图景。LIGO 的数据将用于测试广义相对论的预测，它对大部分天空进行盲搜，每天产生近 1TB 的数据，这需要大量的计算资源进行分析。为了优化访问，数据集被复制到九个站点的计算机和数据存储硬件上。

(3) 开放科学网格助力引力波探测。

一百年前，爱因斯坦在其广义相对论中提出了引力波概念。LIGO 负责人正式宣布在 2015 年 9 月 14 日终于探测到了时空涟漪——引力波。LIGO 团队在美国境内建设了两台引力波探测仪，一处位于华盛顿州汉福德市，另一处位于路易斯安那州文斯顿市。LIGO 的探测器利用了激光干涉技术。在探测过程中，OSG 以及极端科学与工程发现环境项目为 LIGO“监听”引力波信号提供了保障。通过 NSF 资助的极端数字化分配项目，LIGO 充分利用了圣迭戈超级计算中心 Comet 超级计算机和得克萨斯州先进计算中心 Stampede 超级计算机共计约 400 万小时的机时。Comet 超级计算机拥有全新的可视化界面，省去了提交批量处理系统的要求。OSG 通过虚拟机器图像提供相关功能，而 LIGO 团体只需利用 OSG 环境即可。在一次 OSG 数据分析运行过程中，LIGO 团队执行了模型搜寻，寻找类似中子双星或黑洞合并的事件。这类搜寻的计算量非常大，需要搜索十万种不同的模型。OSG 能将搜寻过滤器分离，在网格上并行完成搜寻计算任务，其并行特性尤其适用于高通量环境。

(4) 超算助力引力波发现。

在引力波探测的背后，超级计算发挥了重要作用(NCSA, 2016)。NCSA 一直在支持一些最复杂的数值相对论和天体物理学问题的研究，如联合其他团队对 LIGO 发现的引力波源进行了模拟。NCSA 组建了一支数值研究团队，率先将超级计算机用于研究黑洞与引力波问题。基于用于并行计算的模块化协作框架，佐治亚理工大学、罗切斯特理工学院、路易斯安那州立大学、美国企业研究所、圆周理论物理研究所等机构开发了“爱因斯坦工具包”(Einstein Toolkit)，支持多个数值相对论研究团队通过 NCSA 的“蓝水”超级计算机模拟一些对于 LIGO 具有重要价值的引力波源。

2) 宇宙射线分析及宇宙辐射风险评估

(1) 人工智能改善宇宙射线分析。

美国加州大学伯克利分校研究人员利用机器学习技术从距离地球约 30 亿光年的神秘光源中发现了 72 次新的快速无线电爆发现象(Robert，2018)。快速无线电爆发是指无线电发射的明亮脉冲，持续时间仅为几毫秒，被认为来自遥远的星系。研究人员表示，该研究不仅有助于更详细地了解快速无线电爆发的动态行为，还显示出机器学习具有检测经典算法错过的信号的前景。AI 算法是从望远镜在 5 小时内记录的数据中挖掘出这些无线电信号的。在早期针对 400TByte 数据的一次分析中，科学家们采用标准的计算机算法找到了在此期间的 21 次爆发。随后，研究人员开发了一种新的机器学习算法，并重新分析了数据，发现了另外 72 次最初未检测到的爆发。

(2) 高性能计算支撑宇宙辐射风险评估。

空间环境将给未来太空旅行者造成的危害尚存在很多未知之处。美国得克萨斯农工大学、得克萨斯大学医学分校、美国国家航空航天局的研究人员在得克萨斯州高级计算中心进行模拟并揭示了这一问题，展现现代高性能计算在评估宇宙辐射风险方面的价值(HPCwire，2018)。得克萨斯农工大学物理学和天文学系的科学家模拟研究了低地两级轨道空间辐射暴露对载人轨道实验室任务中宇航员健康的影响，将先进的计算和数值方法应用到这个研究任务中。研究人员与宇航员合作并通过模拟发现，航天飞机相对较小的屏蔽和高倾角的极轨道会使机组人员受到宇宙辐射和太阳粒子事件的暴露影响。

3) 天文观测建模

(1) 先进模型与超级计算机模拟罗塞塔星云。

英国利兹大学主持完成的一项新研究解释了罗塞塔星云的中心腔与其中央恒星间大小和年龄的差异。罗塞塔星云位于距地球约 5000 光年的银河系中，以其形似玫瑰及中央独特的洞而闻名。数十年来天文学家一直感到困惑的是，与该星云中央恒星的年龄相比，在星云中心观测到的腔体的大小与年龄太小。利兹大学与基尔大学的天文学家建立了不同的分子云模型，对恒星风反馈和星云形成进行了模拟。这些模型包括从生球、厚丝状盘和薄盘，它们均是由同一个低密度初始原子云发展而来。通过计算机模拟，研究人员发现星云的形成很可能更像薄盘状分子云，而非球形或厚盘状。薄盘状结构使恒星风从分子云的中心聚集起来，从而解释了中心腔的尺寸较小的原因。模拟实验在利兹大学的先进科研计算中心进行，九项模拟共使用了约 50 万 CPU 小时，如果是用标准的桌面计算机运行这样的模拟，则需要 57 年的时间。借助强大的超算资源与工具，罗塞塔星云的模拟在数周内就完成了。

(2) 软件推动天文观测建模。

斯坦福大学天体物理学家贾科莫 · 维内罗(Giacomo Vianello)开发了一款被称为“多任务最大似然框架”的软件，最初设计用于将费米伽马射线空间望远镜的数据与来自其他仪器的数据相结合，进而模拟天文观测，这有助于推动对地球附近反物质起源的研究(Stanford University，2017)。科研发现重新激起了关于暗物质在创造异常正电子中可能发挥作用的争论，研究人员需要将墨西哥高海拔水切伦科夫天文台的复杂数据综合在一起。为了分析这个复杂的数据集，天文台尝试利用贾科莫设计的软件，灵活地处理多种格式的数据，研究脉冲星在产生正电子中的作用。

4.1.3　生物学

1. 生物学科研信息化发展需求及核心要素

1) 超大规模计算对生物学发展至关重要

从原子到器官、从微生物到生态系统是现代生物学研究的发展趋势，如理解大脑作为一个高能效生物信息系统的工作方式，理解微生物过程及其对岩石圈的影响。科研人员希望在未来十年能获得超过 1 万个细菌、古生菌和单细胞微生物的完整基因序列，要实现这一切有赖于百亿亿次计算的应用。百亿亿次计算能通过自动化比较分析，系统地重建所有有序微生物的代谢网络，通过整合多种数据资源重建监管网络，并将它们与细胞功能模型相结合，进一步整合和验证实验数据集。百亿亿次计算为解决生物系统的复杂性提供了极大的可能性，有望引领生物学向预测系统生物学发展。

百亿亿次计算有望解决的重大生物学挑战包括：细胞环境的生物物理模拟；破译整个生命树的基因组“信号密码”，重新构建跨物种、时间点和环境的大型细胞网络；重新设计整个生物体的生物功能单元；将针对微生物群落系统的观测生态学和种群动态模型相连，分析微生物群落的微进化动力学；利用大脑的逆向工程理解复杂神经系统，开发整合大规模数据、信息和模拟动力学的新方法，最终实现健康社会(Department of Energy，2010)。

2) 信息化手段有助于提高医疗效率

经济合作与发展组织(Organization for Economic Co-operation and Development，OECD)在《利用信息通信技术提高医疗部门效率》报告指出了信息通信技术在医疗保健系统中的潜在应用优势(OECD，2010)。

(1) 提高医疗质量和效率。

医疗实施过程的不连贯和信息传递的薄弱是造成医疗保健系统效率低下的一大主因。高效率的医疗信息共享对实现有效的医疗来说至关重要，对于老龄人口和慢性病患者而言尤其如此。ICT 能实现及时、准确的医疗数据采集和交流，有利于增强医疗协作，提高资源利用效率，为患者提供更安全的医疗服务。

(2) 降低临床服务的运营成本。

通过改善任务执行方式，如节省数据处理的时间，减少文件重复处理的次数，ICT 可降低临床服务的运营成本。但能否提高医务人员的工作效率则取决于具体的环境和技术。

(3) 削减行政开支。

ICT 有利于大幅削减账单支付等医疗行政过程的开支。美国马萨诸塞州通过医疗保健电子数据交换网络推行电子索赔处理，成功节省了大量行政开支。然而，依然存在国家标准的缺失、基础设施建设成本高、不同投资方之间的需求矛盾等问题在阻碍相关技术的普及。

(4) 打造全新的医疗模式。

ICT 还可通过医疗实施过程的创新和变革创造价值，先进国家已通过再建基本医疗体系、改善医疗服务、提高医疗评估和性能监控的质量等医疗改革措施，加快打造全新医疗模式的进程。

3) 支撑未来生物学和医学发展的基石——生物资源中心

生物资源，如活体、细胞、基因及相关信息，对生物技术、人类健康和生命科学的研究与发展而言至关重要。生物资源中心，也可以称为生物银行，负责收集生物样品及其相关信息。这些样品在低温下保存，而它们的相关信息构成了可供科研人员使用的计算机数据库。一般而言，生物资源中心均汇集了大量的生物学和医学数据库，可为科研人员提供支持，从而造福全人类。

来自分布式异类资源的数据和信息交换与共享对生物学和医学研究而言至关重要，而其中主要的挑战是确保这些数据的收集并提供给科研团体使用。生物资源中心是支撑未来生命科学和生物技术的关键基础设施，可以满足全球学术界和工业界获取高质量生物信息与资料的需求。生物资源中心的重大职责包括：为科学、产业、农业、环境和医学研发与应用保存并提供生物资源；对所存储的生物资源进行研发；保存生物多样性；针对知识产权保护建立生物资源仓库或数据库；提供与公共信息和政策规章相关的资源(OECD，2001)。

各种生物或医学数据库是生物资源中心的重要组成部分，生物学数据的急速膨胀促使我们借助信息化手段构建各种类型的专业数据库并积极发展新的分析方法，对这些数据进行存储、管理、加工、数据挖掘，从中找出具有明确意义的生物信息，并抽提具有生物学意义的知识。通过对生物信息的查询、搜索、比较、分析，破译隐藏在脱氧核糖核酸(deoxyribonucleic acid，DNA)序列中的遗传语言，有助于掌握基因编码、基因调控、核酸和蛋白质结构功能及其相互关系，逐步认识生命的起源、进化、遗传和发育的本质，揭示人体生理和病理过程的分子基础，为人类疾病的预测、诊断、预防和治疗提供最合理和有效的途径。

4) 数据分析和可视化技术

数据分析和可视化技术对理解海量生物医学数据而言至关重要，科学家需要有效的数据分析和可视化工具，以支持生物学模拟预测和科学发现。超大规模计算为实现这一切尤其是为基本算法、统计分析、不确定性分析和现场处理等领域的研究提供了技术保障。未来的数据分析和可视化技术发展将可能优先考虑以下领域(Department of Energy，2010)。

(1) 普适并行和多尺度分析：计算机体系架构的新进展将帮助科学家开发多层面运行的并行、可视化应用程序，以最大限度地利用有限的时间来分析数据。

(2) 特征检测和追踪：新的算法将帮助研究人员检测和追踪具有科学价值的特征，助力研究人员发现可进一步研究的新领域。

(3) 多领域和多模态的数据理解：多变量数据在超大规模数据集中越

来越普遍，新的方法将使科学家能对多变量数据进行比较和综合分析。

(4) 时变数据集：科学家们需要从不同的空间和时间尺度进行交互式浏览，识别不同时段的科学现象，追踪在时间和空间尺度的主要特点。新的可视化技术和用户界面将帮助用户了解超大规模、时变、多变量的数据集。

(5) 不确定性和错误的可视化分析、量化及表征：科学家需要新的方法来量化分析过程中的不确定性和错误。一旦他们选择了特定的可视化分析形式，就会获得即时的反馈。

(6) 工作流程和跟踪：科学家们需要以简单的方式记录和追踪整个科学进程，制定端到端的集成策略，将整个模拟和分析过程视为一个生物实验的模拟。

2. 生物学科研信息化典型应用案例

1) 疾病诊断与预测

(1) 机器学习技术追踪基因突变。

美国布朗大学研究人员开发出一种新的机器学习技术，能从基因组数据中筛选出帮助种群适应环境变化的有益基因突变(Brown University，2018)。这有助于将世界各地的人类进化史拼凑在一起，揭示某些疾病及医疗条件的进化根源。绝大多数基因组突变都是中性的，但每隔一段时间自然界都会碰到一种有益的突变，它有利于生物的生存或繁殖，并通过后代快速传播。这项新技术将几种不同的统计测试整合到一个单一的机器学习框架中，扫描来自多个个体的基因组数据，计算基因组适应个体突变的概率。

(2) 人工智能提升基因突变预测的精确度。

美国熨斗研究所(Flatiron Institute)计算生物学中心和普林斯顿大学的研究人员共同开发出人工智能程序“ExPecto”，通过计算在不同组织中超过 1.4 亿个突变的遗传结果，预测基因组“暗物质”区域(非编码区)突变对基因表达的影响，进而对癌症等疾病风险进行预测(Zhou et al.，2018)。此外，ExPecto 还可以指出特定的突变是如何破坏整个基因的开启和关闭的。研究人员先用 ExPecto 来预测导致克罗恩病、慢性乙型肝炎病毒感染和白塞病的突变，随后通过实验验证该结果。研究人员发现，与之前的研究相比，ExPecto 预测的突变对导致相关疾病具有更大的潜力。未来，研究人员希望 ExPecto 能帮助医学专家确定患者疾病的遗传因素，并开发适合患者基因组的治疗方法。

(3) AI 技术预测病患死亡时间。

谷歌公司开发出一种新的 AI 算法，可预测人的死亡时间，准确率可提升到 95%(网易智能，2018)。研究者称其想知道在面对范围宽广的临床问题时，深度学习能否提供有效的预测。所以在差距很大的临床领域挑选出预测项目，包括一项最重要的临床结果——死亡，一项标准的医疗质量指标——是否再次入院，一项资源利用率指标——住院时长，以及对于患者病情掌握情况的指标——诊断结果。谷歌公司将 AI 技术应用到大量的数据上，这些数据来自两个医学中心共 21.6 万名患者的电子医疗记录，每位患者都在医院停留了至少 24 小时。这项概念验证研究的结果显示，该算法可以准确预测患者的死亡风险、是否会再度入院、是否会延长住院时间以及患者的出院诊断。并且，在上述各种情况下，这项新算法的预测都比以前发表的模型更准确。

(4) 深度学习算法利用视网膜图像识别心脏病风险。

谷歌及其子公司 Verily 的科学家们发现了一种利用机器学习来评估一个人患心脏病风险的新方法(John，2018)。通过分析病人视网膜图像，该公司的软件能够准确地推断出个人的年龄、血压以及是否吸烟等数据，从而预测他们患心脏病的风险。视网膜中有着丰富的血管，因此可以检测出整个循环系统中所存在的问题，如高胆固醇或高血压等疾病。因此，研究人员利用病人视网膜的图像训练出一种深度学习算法来识别心脏病的风险。为了训练神经网络，他们使用了将近 30 万张带有心脏病相关信息的视网膜图像。该系统经过训练后，又在另外 1.3 万张图像上进行应用。

(5) 人工智能助力预测阿尔茨海默病。

阿尔茨海默病和痴呆症研究人员目前面临的最大挑战之一，是找到一种能够清楚地识别出认知能力下降最早期阶段患者的方法。血液测试、眼睛测试、基因测试甚至嗅探测试，都是识别认知能力下降早期阶段的方法，但目前还没有任何一种方法被证明是完全有效的。一项研究表明，经过训练评估各种诊断数据的人工智能算法，可以有效地预测一个人是否处于疾病的早期阶段，以及是否可能在接下来的五年里严重恶化(HEALTH 前沿，2018)。该算法根据 800 多名受试者的数据进行了训练，融合了从磁共振成像到基因和临床信息的各种生物标记。研究对象从健康老年人到患有完全的、临床上明显的阿尔茨海默病的老年人不等。一小部分受试者数据还提供了长达六年的个体临床信息，使得算法能够产生对疾病进展的理解。

(6) AI 系统快速诊断和分类脑出血。

美国麻省总医院的研究人员开发出一套 AI 系统，可以快速诊断和分类脑出血，并根据相对较小的图像数据集提供决策依据。该系统可以为患者提供快速、正确的治疗方法，有望成为医院急诊部门评估中风病人病况的不可或缺工具。为了训练此系统，研究人员从 904 次头部电子计算机断层扫描(computed tomography，CT)开始，每一次扫描大约包含 40 幅图像，由五名神经放射学家组成的团队对这些图像进行标记，以确定它们是否描述了五种出血类型中的一种。为了提高该深度学习系统的准确性，研究团队模拟放射学家分析图像的方式，构建了一些步骤。其中包括调整对比度和亮度等因素，以揭示细微差别，并且滚动相邻的 CT 扫描切片，以确定单个图像是否反映了真实问题。

(7) 人工智能技术有效诊断细菌感染。

美国麻省理工学院、麻省总医院和密歇根大学的科研人员开发出了一种机器学习算法，可有效发现艰难梭菌感染，相比传统方法可较早实现诊断(MIT，2018)。研究人员借助机器学习模型，分别以两年和六年为期限，对在麻省总医院或密歇根大学医院入院的 25.7 万名患者的电子病历数据进行分析。这些数据包括每名患者的人口统计数据和病史、入院细节和每日住院情况，以及患者被艰难梭菌感染的可能性，数据去除了身份识别信息。该模型针对每名患者生成每日风险评分，当超过设定阈值时，患者会被归类为高风险患者。整体而言，这种模型在预测最终会被诊断为感染了艰难梭菌的患者方面非常成功。在采集诊断样本前至少五天，这些模型就已经对其中半数感染患者进行了准确预测，医院可集中对具有较高风险的患者进行靶向抗菌干预。如果在前瞻性研究中得到证实，风险预测评分可为艰难梭菌的早期筛查提供指导。对于在病程早期确诊的患者，启动治疗可抑制疾病严重程度，且可使确诊的艰难梭菌感染患者得到隔离，并能启动接触预防措施，防止向其他患者传播。

2) 医疗保健

(1) 人工智能算法助力医疗保健。

2018 年，美国 FDA 批准了总部位于旧金山的医疗保健初创公司 Viz.ai

将其算法推广到医院及医疗市场，通过人工智能技术让医疗保健更高效和强大(WIRED，2018)。Viz.ai 公司的首款产品旨在通过自动分析急诊患者的 CT 扫描进行诊断，让患者及时获得最佳治疗。该公司开发的机器学习算法能检测出主要脑血管阻塞，提示最常见的中风形式，并向脑科学专家的智能手机发送警报，请他们检查患者图像。该软件还会标记最重要的特定图像。FDA 的批准显示了全球最受关注的医疗监管机构如何为医疗保健中的人工智能算法打开大门。在批准 Viz.ai 的算法时，FDA 为分类工具创建了一个新的监管分类，用于分析扫描并将最紧急的标记发给专家。

(2) 大数据和人工智能助力医疗保健研究。

佐治亚理工学院与美国放射学院内曼研究所于2018年达成一项为期5年、价值 330 万美元的合作项目(Galtech，2018)，旨在共建健康经济学研究和分析实验室，将大数据分析和人工智能应用于大型医疗索赔数据库，以更好地理解医疗保健服务和支付模式对患者和医疗服务提供者的影响。此实验室将开展必要的研究，为美国医疗影像决策提供支持，开发新方案来改善人口健康。

(3) 人工智能系统可预测联合用药副作用。

美国斯坦福大学研究人员开发出一种新的人工智能系统，可预测两种药物联合使用的潜在副作用(新华网，2018)。该系统不仅可帮助医生更好地开出用药处方，也能帮助研究人员寻找更佳的用药组合。研究人员使用了模拟人类大脑工作的深度学习技术，把目前已知的药物及副作用作为基础数据，基于蛋白质在人体内的相互作用以及不同药物对不同人体蛋白质的已知影响，设计出一种名为“十角形”的人工智能系统，自主识别潜在的药物组合副作用。实际结果显示，该系统预测的 10 种联合用药副作用中，有一半已在医疗系统的记录中找到实例。

(4) 人工智能技术有助于提高药物研发效率。

英国格拉斯哥大学研究人员开发出一种由人工智能驱动的机器人系统，能高效发现新的化学反应和分子(新华网，2018)。这项技术未来有望用于药物研发，缩短研发流程、降低成本。研究人员选取了 18 种不同化学物质组合出的大约 1000 种化学反应，验证采用深度学习算法的新型机器人系统的能力。结果显示，该系统仅分析了其中约 100 种化学反应后，就能预测出哪些化学物质的组合能够形成新的化学反应和分子，其准确率超过 80%。研究人员通过这种自动化方法发现了一系列此前从未发现过的新分子和化学反应。研究人员表示，此方法是实现化学工业数字化的关键一步，有助于实现对化学空间的实时搜索，发现新药物与有实用价值的分子。

(5) DNA 分子计算为可编程药丸铺路。

美国芝加哥大学研究人员开发出一种新方法，可使用强大的 DNA 分子计算方法来测量分子信号的变化(冯卫东，2018)。该方法为通过模拟分子计算进行时间模式识别奠定了基础，有望为可编程药丸等应用铺路。芝加哥大学开发的新技术是生物学家寄予厚望的 DNA 计算形式的一种，其基于一条单链 DNA 可在双链 DNA 中取代另一条 DNA，可使用完善的工具进行精确控制。这些工具可在几个数量级上精确控制“置换链反应”的速率和可逆性。这会产生类似开关的行为——反应是开启还是关闭，结合不同的开关可使逻辑运算成为可能，这为各种计算任务铺平了道路。研究人员已经展示了置换链反应如何进行复杂计算甚至模仿深度学习网络的能力。

3) 生物模拟

微软开源了一款能够帮助生物学家模拟细胞互动和通信过程的基于云的工具——“生物模型分析器”(微软亚洲研究院，2017)。此分析器是微软利用计算机科学加速癌症研究和治疗突破的研究项目之一，它能够创建计算机模型，让研究人员将健康细胞的正常代谢过程与疾病发作时的异常代谢过程进行对比，允许研究人员以更快的速度检测比以前更多样的可能情况；还可以加速有关药物间相互作用和抗药性等领域的研究，最终为患者提供更为个性化和有效的癌症治疗方案。

4.1.4 地球科学

1. 地球科学科研信息化发展需求及核心要素

1) 发展需求

地球科学(简称“地学”)是以地球系统(包括大气圈、水圈、岩石圈、生物圈和日地空间)的过程、变化及其相互作用为研究对象的基础学科，并逐渐朝向以地球系统整体研究的地球系统科学发展(诸云强等，2013)。地学研究正朝着宏观和精细方向不断发展，其过程机理研究已经到达一个非常复杂、深奥的境界(张耀南等，2013)。系统和整体地对地表过程、地球系统进行研究已成为必然趋势，这对目前的地学研究方法和手段提出了新的挑战。传统地理信息的收集、管理、分析和可视化方式正在被先进的信息和通信技术所取代，包括物联网、云计算、互联网、计算服务和大数据分析等。地球科学的科研信息化发展需求主要如下所示。

(1) 数据资源的获取需要分布式信息基础设施的支持。

科学数据的获取是环境科学研究中最费时、费钱、费工的基础性工作。地球科学的监测不仅需要完成在线实时分析监测，还要能够适应多任务及多参量测量，随时变换监测对象，完成不同的监测任务；此外，还要求分析监测仪器之间能实现数据传输和交换，便于实现实时测控(诸云强等，2009)。对于某些工作环境恶劣、不适合人员现场操作的场所需要异地或远程遥控、遥测等。这一切需要分布式信息基础设的支持。

(2) 对数据资源快速传输系统和海量存储能力的需求。

分散数据采集点以及实验室数据产生后，需要快速自动的传递，使大量的数据资源能快速进入管理系统，减轻野外数据采集工作人员的值守负担，避免数据资源的丢失，加速数据资源的整理和分析进度。此外，随着对地观测、地球监测等技术和各种远程监测站的发展，地球科学数据正以前所未有的速度在急速增长，动辄以太字节计量。因此，地球科学数据资源需要海量存储能力的支撑。

(3) 依赖高性能计算和大数据分析的支持。

传统的地球科学应用和系统是在孤岛环境中开发和使用的。当前，地学研究的对象也从原来单一或几个变量的简单系统转变为综合性的、覆盖多领域的复杂系统，需要构建完善的联合观测系统以及可实现国际化的虚拟联合观测系统。在研究过程中收集的数据经历了爆炸式的增长，这些数据的处理、分析、交换将面临海量数据的存储、传输、计算与可视化分析等一系列问题，需要高性能计算和大量异构地理空间数据分析工具的支持。

2) 核心要素

地学科研信息化环境(e-Geoscience)是数据密集型科研范式下，为了满足现代地学研究的需要而构建的科研信息化环境。e-Geoscience 是在传统地球信息科学的基础上，进一步在高速互联网络、高性能计算、海量存储设备，以及 Web 2.0、云计算、移动通信等新一代信息化基础设施和信息技术辅助下，支撑现代地学创新研究和服务社会经济可持续发展决策的科研信息化环境。地学科研信息化核心要素如图 4-3 所示。

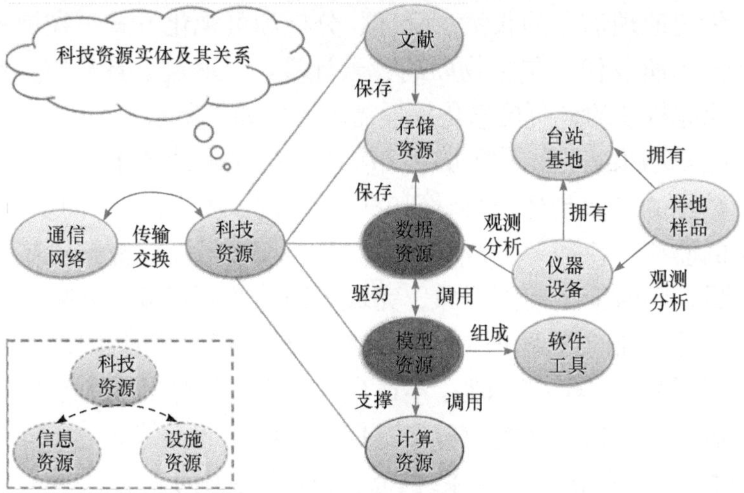

图 4-3　地学科研信息化核心要素

e-Geoscience 的概念模型包含了四个主客体要素：科学问题、科技资源、科研人员和管理服务人员。即在 e-Geoscience 中科研人员利用科技资源(相互间可以交换互操作)解决科学问题，而科技资源依靠管理人员得到有序管理与集成。科研人员在解决科学问题的同时也将自己的科技资源贡献到科研信息化环境中，从而形成科研人员既是科技资源的使用者，又是科技资源的贡献者的可持续发展氛围。

新一代信息化基础设施和技术是 e-Geoscience 的基础。e-Geoscience 必须构建在新一代信息化基础设施和技术之上，包括：高速的网络环境、海量的数据存储设施、高性能的超级计算环境、分布式计算、云计算等。由于所有的活动和应用都需要在网络上开展，所以高速的网络环境又是 e-Geoscience 的基础。海量数据存储设施和高性能超级计算环境则解决了地学海量数据存储和高精度模拟计算的迫切需要。

地学科技资源共享是 e-Geoscience 的核心。地学科技资源包括科技设施资源和科技信息资源。科技设施资源包括：通信网络、台站/基地、样地/样品、仪器设备、存储、高性能计算等基础设施和硬件设备、实物资源。科技信息资源包括：科技文献、科学数据、模型算法以及软件工具等。长期以来，由于体制、观念和技术的原因，地学科技资源得不到充分的共享，地学资源重复建设现象明显，严重阻碍了地学研究的发展。因此，全球范围内各类地学资源的共享是开展全球性跨区域、跨学科合作研究的核心。

3) 发展趋势

作为一种以观测与实验为基础的学科，地球科学需要建立一个能够整合自动数据观测-高速数据传输-海量数据管理-智能数据处理-高性能/网格计算-数据可视化为一体的地球科学科研信息化环境(张耀南等，2013)。总体来说，地球科学科研信息化的发展趋势主要包括以下四个方面。

(1) 建立完善的对地联合观测网络、跨区域的虚拟联合观测系统，形成完善的监测平台，开展联合同步观测和精细的密集观测，接收大气、地磁、地质学、冰川、海洋、气候等所有可能产生的地理数据，构建认识地表过程或地球系统的关键数据库。

(2) 以数据管理、集成、制备、分析为基础建立完善的数据平台，为研究人员提供可以自由访问的更好、更广范围的数据资源和数据共享服务。

(3) 以集成建模环境为基础，利用不同机构的研究模型资源，形成支持地球科学研究的模型和开发平台，支持对地表过程的模拟和刻画。

(4) 针对大数据、密集数据、复杂模拟的科学计算和可视化分析，建立支持海量数据移动、复制、管理、分析等的高性能计算，建立支持多学科协同研究的协同工作环境，建立表达地表过程的可视化分析方法，形成可交互的操作平台，支持对地表过程开展综合性研究。

2. 地球科学科研信息化典型应用案例

1) 地球系统模拟

美国太平洋西北国家实验室研究人员开发了一款新软件——能源百亿亿次地球系统模型，以帮助科学家更好地理解地球的当前和未来(Department of Energy，2018)。新模型关注能极大影响地表降水、风、温度和能源的三个方面：一是水循环，二是不同的地球系统组分交换生物地球化学通量的方式，三是冰盖的移动与融化。预测降水需要真正理解地球系统的几乎每一部分，要将这些系统组合入一个模型并获得必要的细节需要超级计算机的支持。

2) 地震预测及风险评估

(1) 人工智能预测余震发生地点。

美国康涅狄格大学的研究人员利用 13.1 万多组地震及其余震的配对

数据训练了一种神经网络，在包含 3 万多组地震-余震的独立数据集中识别并解释余震出现地点的模式，比库仑破裂应力变化的准确度更高(张梦然，2018)。研究人员表示，该结果强调了深度学习方法可提高余震预报的准确度，为进一步了解地震激发机制提供了新见解。

(2) 百亿亿次计算助力区域地震风险和危害评估。

影响建筑物地震损伤的最重要变量之一是地震波频率。美国劳伦斯 · 伯克利国家实验室、劳伦斯 · 利弗莫尔国家实验室、加利福尼亚大学戴维斯分校的研究人员联合利用最新的超级计算机来更新现有的模拟地震波传播的代码，成功地在国家能源研究科学计算中心的 Cori 超级计算机上，利用 2048 个至强融合节点于 12 小时内模拟了加州海沃德断层的 6.5 级地震(Berkeley Lab，2017b)。这次模拟捕获了地面运动对破裂半径 100 平方千米以及地下 30 千米建筑物的影响。

3) 天气预测

(1) 超算助力冰雹风暴预测。

为预测冰雹风暴，俄克拉荷马大学的研究人员开发了基于数学的大气复杂过程物理模型，以从现有天气状况推测未来天气的演变，并判断是否会形成严重的风暴，网格上的计算机结点代表这些物理过程(NSF，2016)。用于模拟天气的网格分辨率越高，预测越准确，所需的计算也越多，研究人员所采用的分辨尺度为每 0.5 千米一个网格点。他们利用位于得克萨斯州先进计算中心的 Stampede 超级计算机，开展了实验性天气预测，更好地了解严重冰雹的形成条件，继而更准确地预测天气状况。

(2) 小卫星数据改善飓风预测。

美国国家航空航天局于 2016 年 12 月发射 8 颗小卫星群，以提升对飓风内部气流的测量(Matt，2016)。这些数据将帮助科学家监测和预测飓风强度的快速变化，进而提升公共安全。新的旋风全球导航卫星系统(Cyclone Global Navigation Satellite System ，CYGNSS)将解决飓风内部风速测量的两大挑战：一是风与雨的干涉影响，二是测量所需耗费的时间。CYGNSS 八颗卫星能在一秒内记录 32 次海洋表面风速，利用来自现有卫星的两组全球定位系统信号来判定风速。第一组信号直接由卫星传给 CYGNSS，以帮助精准定位。第二组信号由海洋表面反射，用以测量波浪情况。卫星外部的太阳光板能提供 60 瓦能量，以供收集、测量和传输数据到地球。

(3) 无人机改进天气预测。

美国国家海洋与大气管理局和美国宇航局共同利用无人机的观察能力改进天气预测水平(Hallie，2015)。当无人机翱翔在海洋地区上方时，可搜集水分、风速、风向的实时数据。科学家们将把这些数据输入美国国家飓风中心的预测模型，可大幅提高热带风暴、冬季风暴、大洪水等天气事件的预测水平。

4) 海洋观测

(1) 虚拟现实(virtual reality，VR)技术助力海底真实演示。

中科院海洋所科学家利用 57 余万张实测照片和海底地形地貌等资料，制作完成了一套海底 VR 展示研究系统，用于精细海洋调查研究(中科院海洋所，2017)。这套 VR 系统的海底虚拟现实场景是基于 2016 年“科学”号科考船搭载的“发现”号深海缆控潜水器，在南海海底执行“深海近海底理化条件的现场观测与分析”项目的三个潜次调查中，距离海底 3 米左右航行，采集的 200 余字节的调查资料，包括海底地形、地貌、拍摄的 57 余万张高清照片等多种资料，经过数据处理、拼接制作而成。所绘制的海底地形面积约 25400 平方米，其中包括一个冷泉喷口、大量贻贝和铠甲虾的生长和分布情况，以及科学家布放的深海着陆器、海底原位生物培养装置和诱捕装置等。

当时，无人潜水器下潜是国内首次利用了搭载的近海底地球物理探测系统、三维激光影像系统与国产长基线定位系统配合作业，因此每张照片都有精确的水深和位置信息。同样，在海底虚拟现实场景中的任何一个点，都可以精确识别水深、位置、底质类型，所以对实际科学考察过程中生物和地质样品采集、深海原位设备布放、拖网调查区域的选取和生物定量研究方面有重要的科学意义。这套 VR 系统为科学家还原了一个真实的海底场景，有助于科学家在这一区域反复研究，并且能为将来这一区域的科考设计提供重要资料参考，提高调查精度和科考效率。以后采集到新的影像和调查资料，再添加到 VR 系统中，展示和管理研究区海底虚拟现实场景，对比研究海区，可了解这一区域的地质、冷泉和生物的变化过程。

(2) 水下机器人群组助力数据收集。

2015 年，澳大利亚悉尼大学机器人中心研究人员获得施密特海洋研究所的资助(University of Sydney，2015)，访问位于帝汶海布鲁姆北的斯科特礁，开展测试点实验，扩大海床和上覆水的电子影像。机器人群组被用于海床绘图和化学分析等工作，降低科学家的时间和经济成本。自主水下和水面航行器能在不同深度的海水里拍照并收集水柱测量数据。

(3) 模拟器助力海洋与大气环境模拟。

2017 年 11 月，美国国家科学基金会为加州的斯克里普斯海洋学研究所拨款 280 万美元，资助开发“斯克里普斯海洋大气研究模拟器”，以便在实验室模拟复杂的地球海洋-大气系统(NSF，2017)。此模拟器可以精确复制海洋环境，在实验室中捕捉风、浪、海洋微生物与化学的相互作用，帮助科学家研究因人类活动引起的污染如何改变海洋和大气的化学作用。借助模拟器，研究人员可生成 50 千米/小时的风速，通过控制气温和水温来复制从热带到极地的气候条件，在一系列物种中诱发浮游植物繁殖，引入包括温室气体在内的空气污染，研究当前和未来可能的气候变化。

5) 生态系统监测

(1) 信息平台用于水生生态系统信息管理。

水生生态系统具备丰富的生物多样性，从多方面造福着我们的经济和社会。联合国教科文组织推出了完全基于开源软件的信息平台(European Commission，2017b)，作为访问水生生态系统、生物多样性等数据的中心接入点，允许研究人员公开访问与欧洲水生生态系统和生物多样性管理相关的广大资源。这些资源包括各种项目案例或工作包中收集和生成的数据，以及相关地图、模型与工具。

(2) 数据库助力地下植物生态学研究。

2017 年，美国橡树岭国家实验室科学家发布一款有关植物根部特性的全球集中式数据库——细根生态学数据库，旨在促进人们理解植物地下隐藏结构之间的相互作用方式或其与植物地面部分的相互关联方式(ORNL，2017a)。此数据库将来自全球各地的观测和实验数据汇集在一起，能被免费获取和使用。首版数据库已包含超过 70000 组观测数据，汇聚了来自约 800 个数据源的 300 余种植物根部特性以及相关数据，如土壤温度、湿度和光照等。

(3) 高分辨率建模评估城市对河流生态系统的影响。

美国能源部橡树岭国家实验室研究人员使用高分辨率地理空间建模来量化土地利用、能源使用和水基础设施等对美国河川的影响(ORNL，2017b)。研究人员利用美国地质调查局的流量数据，绘制出自然水文的相关变化，以评估基础设施发展和水资源竞争对美国国家环境的影响。这种数据驱动的方法揭示出水资源和水生物种受城市基础设施影响的程度，能帮助城市减少对区域生态系统的负面影响。研究结果表明，城市土地转型和电力生产影响着美国 7%的溪流，进而影响北美 60%以上的淡水鱼、贻贝和小龙虾物种的栖息地。

6) 火山爆发预测

卫星可以提供全球活火山数据，研究人员一直致力于利用这些数据预测火山的危险程度。英国利兹大学研究人员开发了可以自动计算火山风险数据信号的新算法，帮助科学家在几年内建立全球火山预警系统。研究人员运用了独立组分分析技术将信号分解成不同的部分，例如分层大气或短期湍流以及火山口或侧翼的地面移位，从而捕捉最新的地面移动速率变化，判断火山爆发的迹象。

7) 信息化助力陆地表层过程研究

在寒旱区陆地表层过程的研究中，中科院寒区旱区环境与工程研究所的研究人员主要以数据流为核心，针对数据流的生产、传输、存储、管理、共享、分析、应用生命周期价值链等不同环节开展信息化建设，为打造基于“数据-模型-计算”研究新模式(如图 4-4)奠定了坚实的基础，并最终产出了基于数据、基于模型、基于计算模拟等不同数据价值链阶段的成果，具体内容如下所示。

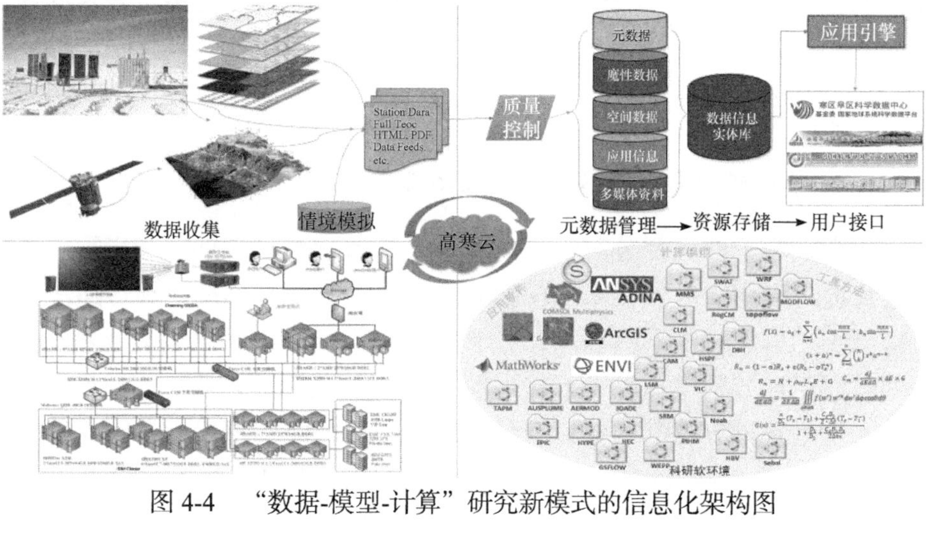

图 4-4　“数据-模型-计算”研究新模式的信息化架构图

(1) 构建“点-站-所”一体化监测网络体系。高寒区“(监测)点-(野外)站-所(研究所)”一体化监测网络环境形成，解决了特殊环境监测数据自动传输问题，实现不同机构“数据中心”高寒数据的虚拟整合，形成高寒区冰川、冻土、沙漠、大气、水文、生态、环境、气候、山地灾害等针对性跨学科、跨部门联合研究数据集的集成。提供高寒区多要素联合观测网络以及同步联合观测网络的组建和高质量的联合监测数据资源，虚拟整合多机构的集中数据存储和应用环境，虚拟现有超级计算资源形成高寒特色科学计算环境，进而形成国际上先进的高寒区环境联合监测研究云环境。工作人员研发了适宜于高寒和干旱环境下野外监测的无线数据传输设备。形成了无线数据传输接入节点、网管节点和管理系统，可以为不同环境下的野外监测点提供组网与数据自动传输。

(2) 基于超级计算环境支持，构建了寒旱区计算模拟研究新模式。“数据-模型-计算-可视化”的研究模式在寒旱区科学研究中已经形成。通过高寒模型研究资源的虚拟集成，现有超级计算资源的虚拟整合，形成高寒区气候、环境、生态等模型，形成高寒特色科学计算环境，开展冰川、冻土、大气、生态、水文和气候的应用研究。

(3) 基于数据平台的有效管理与数据作者权益保护，极大地推动了数据共享应用。形成了广泛被认可的元数据评审与发布工作流程、数据汇交与审核工作流程、数据作者审批与委托共享审批制度，在国内首先采用了数字对象唯一标识符、数据引用、数据评价等保护数据作者权益并推动数据共享的技术。

4.1.5 化学

1. 化学科研信息化发展需求及核心要素

化学领域中的大部分对象可以用一定的数学模型来抽象和表征。各种化学反应可以用微分方程来建模，通过数学模型仿真其反应和传递等。随着对分子结构认识的不断深入，分子的状态也可以通过数学模型来模拟，如通过薛定谔方程模拟电子云的运动状态，通过量子力学、分子动力学、统计力学等各种方法准确地完成分子的模拟。因此，现代化学研究需要建立更多的模型、解决更多的科学计算问题。在这种情况下，计算化学应化学数据定量分析的需求而产生，主要运用高性能科学计算工具求解化学问题。

现代科学技术的快速发展使得新研究的化学物质体系变得越来越复杂，辨识研究的任务越来越繁重，需要解决复杂成分定性定量分析和不确定性的化学模式识别等问题。20 世纪中后期，化学信息学作为实现化学研究信息化的方法学和平台应运而生，它是在计算化学的基础上演化和发展起来的。随着计算机在化学领域应用研究的不断深入，化学信息学的应用方向从化学研究数据的存储、查询和分析逐步扩展到分子设计、合成设计/反应预测、结构确定等方面(Chen，2006)，化学信息学的定义也得到不断补充和完善。化学信息学是采用计算机科学和信息学方法及技术解决化学问题的一门学科，是涉及化学、数学、计算机科学以及化学应用领域等多学科的交叉学科，可用于解决化学领域中大量数据的处理和信息提取任务(Gasteiger et al.，2003)。

化学的科研信息化应用主要涉及大量化学结构和数据的管理、数据中知识的提取、复杂研究问题的建模等，一些典型的应用方式如下所示。

(1) 化学信息：化学结构和相关数据的存储和检索，海量数据的管理，在互联网上传播数据，数据与信息的交叉链接。

(2) 化学物分析：在所有化学领域中预测化合物的物理、化学、生物学性质。

(3) 分析化学：分析化学数据，预测被研究对象的系列属性，基于光谱数据阐明化合物的结构。

(4) 有机化学：预测有机反应的过程和产物，有机合成的设计。

(5) 药物设计：确定新结构并对其进行优化，建立定量结构关系，分析高通量数据，配体与受体的对接，配体的从头设计，预测异生素的代谢，生物化学途径的分析等。

2. 化学科研信息化典型应用案例

1) 预测化学反应结果

科学家们一直试图教会计算机化学反应的原理，利用计算机预测有机化学反应的结果。然而，有机化学品非常复杂，对其反应过程的模拟可能会非常耗时和不准确。2017 年，IBM 公司的研究人员采用通常用于语言翻译的 AI 程序，将原子看作字母、将分子理解为单词，预测了有机化学反应的结果，从而加速新药的研发(Charles，2017)。此 AI 程序是一个人工神经网络，被称为神经元的组件利用已有的数据解决一个问题，然后神经网络反复调整神经元之间的连接，并查看这些新的连接模式是否能够更好地解决问题。随着时间的推移，神经网络将找出哪种模式能够计算出最好的解决方案。

2) 新材料研发

(1) AI 可在几小时内重建元素周期表。

斯坦福大学的张首晟团队开发了一个 AI 程序 Atom2Vec，只用几个小时就重新得出了人类科学家耗费近一个世纪整理而成的元素周期表(新智元，2018)。Atom2Vec 程序能够通过分析不同元素组合而成的化合物名称来学习区分不同的原子，整个过程是独立无监督的，没有人类智能的参与。这个程序的开发借用了自然语言处理中的简单概念：一个词语的特性是可以从它周围出现的其他单词来得出的；把化学元素根据所处的化学环境聚类。未来，科学家们可以使用 Atom2Vec 的知识来发现和设计新材料。这对于癌症的研究极其重要，当前最有前景的治疗癌症方案之一——免疫治疗，就试图找到并且控制能够攻击癌细胞抗原的抗体。

(2) 机器人助力新材料研发。

美国 Kebotix 创业公司的实验人员利用机器人来创造新材料，机器人手臂将移液器浸入培养皿中，另一台机器人测试培养液体的光学特性，将结果输送到控制臂的计算机中，通过软件分析结果来进行假设，然后重复实验，全过程不需要人为参与(Will，2018)。Kebotix 创业公司致力于利用机器学习和机器人自动化创造材料科学革命，使用多种机器学习方法设计新型化合物。

(3) 人工智能与量子计算助力新材料探索。

人工智能与量子计算正加速潜在新材料的探索过程(James，2017)。笔记本电脑上的机器学习软件可以在数秒内从科学论文中提取关键信息，从而能在短短数周内针对广泛的科研机构创建大量知识图表，这一过程之前需要几十年。这意味着，科学家们可以通过算法和模拟从大量专利、论文和报告中获取有用信息。在预测分子的电子结构时，计算量相当大，即使是功能强大的超级计算机也会有宕机的时候。IBM 公司更为关注量子计算的潜力，它可以大幅提升计算效率，并且利用量子物理的特性更加逼真地模拟自然世界。

(4) 机器学习技术助力新材料研发。

美国洛斯 · 阿拉莫斯国家实验室的研究人员通过实验展示了一种基于信息学的自适应性设计策略，能帮助科学家发现具有目标属性的新材料(LANL，2016)。新材料的发现历来采用的是直觉和反复试错法，但随着化学复杂性越来越高，很大程度上需要将试错与其他方法相结合，使之更具实用性。为了解决这一问题，研究人员采用机器学习技术来加速新材料发现。他们开发了一个框架，利用迭代方式指导后续实验，从而发现热耗散量极低的形状记忆合金。该研究有望将新材料从研发到上市的时间和成本降低一半。

(5) 超级计算机加速新材料设计。

2016 年 8 月，美国能源部宣布将在未来四年投资 1600 万美元，利用超级计算机加速新材料的设计(Jon，2016)。劳伦斯· 伯克利国家实验室和橡树岭国家实验室分别负责一个项目，充分利用实验室的材料专业知识和超级计算机能力，开发软件来设计新材料，最终使之广泛应用于可替代和可再生能源、电子学以及其他领域。这两个新项目属于 2015 年能源部发起的计算材料科学项目的一部分，将推动美国材料基因组计划的发展。

4.1.6　行业科研信息化发展和应用

1) 农业信息化发展

1994 年，我国农业部提出“金农工程”，标志着我国农业信息化拉开帷幕。通过将近 40 年的努力，我国农业信息化和现代化已经取得了不错的成就。

在农业科技文献平台方面，我国已建立多个文献服务网站，如中国知网、万方、中国农业科技文献与信息服务平台、农业科技信息资源共建共享平台等。

在信息数据库方面，已建设的农业信息数据库种类繁多，量多质优，其中已建立的大型涉农数据库多达 100 多个，如国家农业科学数据共享中心、中华粮网、艾格农业数据库、农业经济数据库、中国农业资源数据库、农业数据库资源中心等，较具体的农业数据库有中国饲料数据库、棉花数据库、谷物及饲料数据库、农业气象数据库、畜禽数据库、农资及果蔬数据库、白糖数据库、油脂油料数据库等。

在农业信息网站方面，现在国内已有 1500 多家涉农网站，如中国农业网、中国农村研究网、中国农民网、中国农产品信息网、中国农业科技信息网等。

在农业信息服务平台方面，线上线下平台覆盖都较为全面，线下的如中国农业农村部、农业局、农业信息服务站、乡镇信息服务站等，线上的如各类涉农信息平台。此外，各类高新技术如卫星技术、计算机技术、地理信息系统技术、云计算、定位技术等与农业的融合，使得农业信息服务的质量完全可以得到保障。

在农业信息化工程建设方面，我国采取了建设一部分农业信息化重点工程的策略，如金农工程、三电合一工程、四川三大工程等。2010 年甘肃省在金农工程实施过程中，建立了农业农产品供应和需求信息、农业高新科学技术、农业指导意见等文件和法律规定、农业市场价格波段情况等资源库，在全省多个县建立了农牧局门户平台，提高和改善县级涉农网络平台，农业技术员和信息员队伍建设培养了大批农业知识型高新技术人才。

新媒体的出现也为农业信息化带来了新的途径和手段。新媒体在农业经济中的应用能够为农业产业化提供便捷、快速的信息传播平台，从而推动农业现代化进程，带动农业产业化发展，推动农业经济的发展(付豪，2018)。

2) 林业信息化发展

林业信息化的内涵相当丰富，它能够促进林业的现代化发展进程，从保护与开发的角度来利用资源，并通过资源来支撑国家林业的一切生产与管理活动；另一方面，林业信息化也应该是一个不断演变进化的过程，它利用信息技术的发展优势，结合当前林业发展的形势，持续不断地为林业事业的发展创造新技术、新思路与新方法。这是一个良性的林业多元化循环发展过程，是一个将信息化技术转化为生产力的必然过程(吴高潮，2016)。

国家林业局于 2016 年 3 月发布的《“互联网+”林业行动计划——全国林业信息化发展“十三五”规划》对中国林业云发展提出了具体要求(国家林业局，2016)。目前，我国林业信息化建设初级阶段(数字化林业)基本完成，中级阶段(信息化林业)正在进行，高级阶段刚刚起步。根据 2016 年全国林业信息化率评测结果显示，2016 年全国林业信息化率为 66.04%，较 2015 年的 62.25%上升了 3.79 个百分点，若按此发展，2020 年将圆满完成“全国林业信息化率达到 80%”的预期目标。为加快推进中国林业云建设，全面提高林业信息化建设效率和服务水平，为“互联网+”林业建设提供基础保障，2018 年 3 月 8 日，我国提出中国林业云建设重点任务，包括中国林业云中心、大数据中心、云公共服务平台、云应用服务平台、云受理服务平台、云标准体系、云安全体系和云运维体系八项重点任务。

3) 水利资源信息化发展

水利信息化就是充分利用现代信息技术，开发和利用水利信息资源，包括对水利信息进行采集、传输、存储、处理和利用，提高水利信息资源的应用水平和共享程度，从而全面提高水利建设和水事处理的效率和效能。

2017 年 5 月，水利部发布关于推进水利大数据发展的指导意见，意见提出要贯彻国家网络安全和信息化战略部署，紧紧围绕“十三五”水利改革发展，加强顶层设计和统筹协调，加快数据整合共享和有序开放，大力推进水利数据资源协同共享，深化水利大数据在水利工作中的创新应用，促进新业态发展，实现水利大数据规模、质量和应用水平的同步提升。意见提出了夯实水利大数据基础的四方面工作：其一，通过提升获取能力、整合集成资源、建立资源目录、完善更新机制，健全水利数据资源体系；其二，通过新建水信息基础平台、构建横向水利业务间共享、建立纵向水利部门间交换，实现各级水利部门间信息联通；其三，通过编制水利信息资源目录、有序提供共享服务，推进部门间数据共享；其四，通过编制水利数据开放清单、制定水利数据开放标准、建设水利数据开放平台、汇聚水利相关社会数据、引导水利大数据开发利用，促进水利大数据的开放与应用。

2017 年 9 月，水利部办公厅印发《水利部政务信息系统整合共享工作方案》，方案提出按照“先联通、后提高”的原则，2017 年 12 月底前，初步实现水利部整合后的政务信息系统统一接入国家数据共享交换平台，并明确了三个阶段性目标，一是完成政务信息系统清理和政务信息资源目录编制，二是实现水利部与国家数据共享交换平台的对接，三是为“放管服”改革重点领域提供数据服务。

4) 气象信息化发展

经过多年的建设与发展，我国气象信息化成果显著，形成了以支撑综合观测、预报预测和公共气象服务为核心目标的气象信息网络业务体系。气象部门与民政、国土、环境、交通、水利、农业、林业、地震、海洋、民航等部门实时共享交换气象资料，日更新数据量达 600GByte，气象信息在保障人民群众生产生活和国民经济发展、促进生态环境保护中的作用日益显著。已经向全社会开放共享地面、高空、气象卫星、天气雷达、数值天气预报等 5 类 17 种基本气象资料和产品，内容包括全国 2170 个地面观测站、全球范围约 6000 个地面观测站的实时观测数据，为构建社会参与和公众自我服务的多层次、多方式公共气象服务体系奠定了基础。

全国气象部门已建立四级通信专网，其中国家级专网带宽达到 600Mbps，省市县三级专线平均带宽达 30Mbps。建设的高性能计算机总体运算能力已达到 1500TFLOPS，广泛用于全球、区域数值天气预报模式的计算。建成的国家级和省级统一的集约化数据环境 CIMISS，已成为支撑全国气象业务的核心数据平台，其气象数据和产品存量超过 10PByte，日增量达到 5～8TByte。研发的 SWAP、SEART、MICAPS4.0、SWAN、MESIS、CIPAS 等综合业务系统、国家级气象资料存储检索系统、分布式气象科学数据共享平台、全球集合预报数据产品归档中心等，极大地促进了我国气象信息化的发展。

5) 减灾信息化发展

在监测预警方面，高精度监测技术设备的广泛应用大幅提升对地震、暴雨、洪水等灾害预测预警的准确度，极大幅度减少人员伤亡和财产损失。近年来，我国地震预警技术取得较大进展，形成了观测、科研与预测相结合，主动捕捉有效地震变形信息的地震大形势研究方法，捕捉到云南鲁甸 6.5 级强震震前和震后变化。在四川、重庆、陕西、云南、江西等地质灾害高发区建立了以地质灾害群测群防为基础、专业监测预警预报为核心的群专结合预警示范区，显著提升了地质灾害高发区监测预警工作成效。

在应急响应方面，科学的应急响应机制和综合应急响应平台的建立以及先进抢险技术装备推广应用，在重大自然灾害应急中发挥了重要作用，大幅降低当地的人口与经济损失。地震-地质灾害链、台风-洪涝灾害链损失评估模型在 2014 年云南鲁甸 6.5 级地震、2015 年尼泊尔 8.1 级地震、2014 年超强台风“威马逊”、2015 年超强台风“灿鸿”“苏迪罗”损失评估中发挥重要作用，评估结果为国家和地方迅速启动相应级别的救灾应急响应提供了重要参考。

在灾后重建方面，灾情数据处理与信息服务、灾害损失快速评估、恢复重建等技术产品的不断升级，为灾后信息传递、灾害评估、资源调配、恢复重建等工作提供了及时有力的支撑。相关技术成果在汶川地震灾区、玉树地震灾区、芦山地震灾区、鲁甸地震灾区和尼泊尔地震西藏灾区重建中得到了广泛应用，为灾区重建规划编制、灾民安置点建设、灾区生产生活设施抗震设计与建造等发挥了重要的作用(周凌芸，2017)。

4.2　顶尖科研机构应用

4.2.1　美国能源部联合基因研究所

美国能源部联合基因研究所(Journal of Governance and Integrity, JGI)成立于 1997 年，旨在整合劳伦斯 · 伯克利国家实验室、劳伦斯 · 利弗莫尔国家实验室和洛斯 · 阿拉莫斯国家实验室在基因组绘制、DNA 排序、技术开发和信息科学中的专门技术和资源(JGI，2019)。JGI 陆续完成了人类基因组第 5 号、第 19 号和第 16 号染色体的解码分析工作。继这一成就之后，JGI 继续开展针对微生物物种和典型生物体的测序工作并将相关信息无偿贡献给公共数据库，以此推进基础科学的发展。JGI 在 DNA 序列数据生成和高知名度的出版物方面均比较高效，仅在 2018 财年生成超过 200 万亿个核苷酸或 Terabases，并在 2006 年至今的《科学》和《自然》杂志上发表了数十篇论文。

JGI 由能源部生物与环境研究办公室管理，负责完成高通量 DNA 测序、合成和分析，支持能源部完成在生物能源、碳循环、生物地球化学等领域的任务。具体的优先事项包括基于植物生物质开发可再生和可持续的生物燃料，了解控制大气中温室气体积累的生物过程，了解控制可持续生物能源生产环境及污染场地中重金属和放射性核素流动环境中关键循环的生物地球化学过程。

JGI 是植物、真菌、微生物、宏基因组等基因测序领域的全球引领者。通过基因测序数据处理和科学项目活动，JGI 开发了许多基于计算生物方法的工具，应用了特定项目数据集。JGI 成熟的对比分析系统被视为开展基因和元基因研究的重要资源，使全球科学家能进行原本特别昂贵甚至原本无法开展的研究。JGI 的主要信息化工具如表 4-1 所示。

表 4-1　JGI 的主要信息化工具列表

信息化工具	功能描述
BBTools	一套快速、多线程的生物信息学工具，专为分析 DNA 和核糖核酸(ribonucleic acid，RNA)序列数据设计
BOOST	一套面向 DNA 合成的软件工具
基因组平台(genome portal)	提供所有 JGI 基因组数据库和分析工具
基因组在线数据库	用于访问全球与基因组和宏基因组测序计划相关的信息和元数据
HipMer	端到端的基因组装配器
综合微生物基因组(IMG / M)	对所有公开可获取的基因组进行比较分析与注释
Meraculous	下一代测序数据全基因组装配器
MycoCosm	提供有关真菌比较基因组数据的获取、可视化、分析工具

JGI 建立了数据科学和信息学部门，由其负责构建软件和硬件基础设施，以便在 JGI 和更广泛的计算生态系统之间建立无缝连接。目前，JGI 在其高性能计算集群 Denovo、192 个容量节点的 Cori 超级计算机、存储和网络基础设施中投入了大量资源，还采购了 20 个 1.5TByte 大容量存储节点支持大型数据集的组装和分析。

JGI 与国家能源研究科学计算中心(National Energy Research Scientific Computing Center，NERSC)持续开展合作。2010 年，JGI 的所有计算资源都转移到 NERSC，使其研究人员和用户能够将更多的时间用于尖端的基因组学研究。2016 年，JGI 投资 7000 万美元采购 NERSC 的数据密集型和高性能计算基础设施——千万亿次级超级计算机 Cori，已在其上使用了 1000 多万个中央处理单元小时数。

此外，JGI 还与橡树岭国家实验室的橡树岭领导计算设施合作，建立了第二份不可替代的序列数据。除了为 JGI 数据提供安全的位置之外，使用此计算设施资源的科学家也可以访问存储库。

4.2.2　美国霍华德 · 休斯医学研究所及其珍妮亚研究中心

美国 HHMI 是全球规模最大的非营利性私立医学研究所和基金会。它由著名飞行员、工程师霍华德 · 休斯于 1953 年成立，主要目标是促进医学研究和医学教育等领域的知识有效利用，造福人类。该研究所的旗舰研究项目——HHMI 调查员计划与 60 多所美国著名高校、医院、研究所和医学院合作，为 300 多名休斯科学家及其研究团队提供灵活、长期的支持。HHMI 调查员的创造力和成就已得到广泛认可，其中超过 180 位调查员是美国国家科学院的成员，28 位调查员获得了诺贝尔奖。

HHMI 的研究领域主要涉及细胞生物学、遗传学、免疫学、神经科学和结构生物学。表 4-2 给出了 HHMI 的 20 名诺贝尔奖获奖者名单及其研究方向。

珍妮亚研究中心是 HHMI 于 2006 年建立的生物医学研究机构，主要开展一些高风险/高回报的研究，包括发现大脑信息处理系统的基本规则和机制，开发用于创建和解释生物图像的光学、生物和计算技术。

表 4-2　HHMI 的诺贝尔奖获奖者名单

获奖时间与奖项	获奖者	获奖理由	目前研究方向
2017 年生理学或医学奖	迈克尔 · 罗斯巴什 (Michael Rosbash)	控制昼夜节律的分子机制	昼夜节律
2015 年化学奖	保罗 · 莫德里奇(Paul Modrich)	DNA 修复研究	控制突变产生的途径
2014 年化学奖	埃里克 · 贝齐格(Eric Betzig)	超分辨率荧光显微镜	生物成像工具
2013 年医学奖	兰迪 · 谢克曼 (Randy Schekman)	发现了能控制细胞传输系统不同方面的三类基因	蛋白质内部细胞运输
2013 年医学奖	托马斯 · 苏德霍夫 (Thomas Südhof)	发现并解释了囊泡如何在指令下精确地释放出内部物质	突触形成与功能
2012 年化学奖	罗伯特 · 莱夫科维茨 (Robert Lefkowitz)	G 蛋白偶联受体研究	激素和药物受体的分子生物学
2009 年化学奖	托马斯 · 施泰茨(Thomas Steitz)	核糖体的结构和功能研究	结构基础复制与基因表达
2009 年医学奖	杰克 · 绍斯塔克(Jack Szostak)	发现由染色体根冠制造的端粒酶	细胞生命的起源

续表

获奖时间与奖项	获奖者	获奖理由	目前研究方向
2008 年化学奖	钱永健(Roger Tsien)	绿色荧光蛋白的研究	应用于细胞生物和神经生物的分子工程
2007 年医学奖	马里奥 · 卡佩奇 (Mario Capecchi)	基因打靶(gene targeting)技术	基因打靶、同源框基因
2006 年医学奖	克雷格 · 梅洛(Craig Mello)	发现 RNA 干扰现象	RNA 干扰与发展
2004 年医学奖	琳达 · 巴克(Linda Buck)	气味受体和嗅觉系统组织方式研究	嗅觉与衰老机制
2004 年医学奖	理查德 · 阿克塞尔 (Richard Axel)	气味受体和嗅觉系统组织方式研究	大脑中嗅觉信息的表达
2003 年化学奖	罗德里克 · 麦金农 (Roderick MacKinnon)	离子通道结构和机理研究	离子通道结构和机理研究
2002 年医学奖	罗伯特 · 霍维茨 (Robert Horvitz)	发现器官发育和细胞程序性细胞死亡的遗传调控机理	线虫生长与行为的基因控制
2000 年医学奖	埃里克 · 坎德尔(Eric Kandel)	关于神经系统信号传导方面的研究	记忆存储的细胞与分子生物研究
1999 年医学奖	古特 · 布洛伯尔(Günter Blobel)	发现信号肽	核质运输
1995 年医学奖	艾瑞克 · 威斯乔斯(Eric Wieschaus)	果蝇胚胎发育	果蝇发育模式及细胞形状变化
1989 年化学奖	托马斯 · 切赫(Thomas Cech)	转录过程中的细胞核	端粒酶与染色体末端

科学计算软件部门负责为珍妮亚研究中心的项目团队、实验室和共享资源提供完整的软件生命周期支持，拥有生物信息学、图像处理、电子和光学显微镜、仪器控制、电生理学、三维图形和数据管理等领域背景。

目前，珍妮亚研究中心使用的主要软件如表 4-3 所示。

此外，珍妮亚研究中心的实验技术部门负责设计、打造并测试仪器、工具和软件，具体开发领域包括：数据采集和分析、机器视觉和图像处理、精密加工、嵌入式系统设计和编程、激光/显微镜和光学成像系统工程、定制电路设计、新型传感器系统、实验室自动化、机器人和运动控制、机械设计、部件和组件的制造、过程自动化。

表 4-3　珍妮亚研究中心的软件列表

软件和工具	功能描述
针对全胚胎力学建模的球谐函数框架	提供科学计算软件、编程语言、球谐参数化浏览器(spherical harmonics parameterization explorer，SHAPE)等计算机代码和程序
多步飞行追踪器	免费的开源机器视觉程序，对自由移动的苍蝇行为进行高通量、定量分析，为神经病学界提供定量行为分析工具
电生理学数据采集软件	允许用户在采集过程中的不同时间运行自定义代码，从而可以灵活地在线分析实验数据
细胞计数器	用于在图像中以任何类型的图形标记二维和三维手动计数粒子
果蝇脑生理研究工具	致力于实现与果蝇大脑生理学领域相关的信息交流
纳米分辨率软件	用于通过高分辨率神经成像堆栈的分析和存储，更好地理解大脑的架构和计算方法
珍妮亚自动化动物行为解释器	基于机器学习的系统，使研究人员能自动地计算动物行为描述视频中可解释、量化的统计数据
图像重建软件	专注于电子显微镜图像重建的软件应用程序
神经回路可视化软件	用户能动态再现神经系统中不同层次的连接和信息流
神经元重建开源软件	半自动重建神经元形态的软件平台
神经生理学探针采集软件	细胞外神经探针的记录系统
三维可视化辅助分析软件	用于生物成像、大规模生物图像和表面数据可视化和分析的高效软件包

1) 计算基础设施

科学计算系统部门负责运营和维护所有存储和相关备份基础设施、高性能计算集群以及操作系统，维护数据中心以及位于 HHMI 总部的备份和灾难恢复资源。

目前，该部门拥有 4500 平方英尺①的数据中心，每平方英尺能够提供

① 1 平方英尺≈0.093 米。

超过 250 瓦的功率和 300 吨的冷却能力。在大量数据的分析和挖掘方面，该部门支持 7000 核心计算群集，用于满足各个工作站的大型计算需求。此外，该部门还负责维护大约 200 台服务器和工作站以及近 250 台虚拟机。几乎所有数据都安全地备份到 HHMI 总部的二级数据中心。

2) 成像设施

细胞成像可以将神经元群体中的活动与行为联系起来。但个别神经元很小，直径约为 10 微米。大多数具有亚细胞分辨率的显微镜具有小的视野，因此不能同时对多个脑区域中的神经元成像。大多数大视场显微镜不能解析单个细胞，特别是在轴向尺寸上。双光子随机存取显微镜(2 photon random access mesoscope，2p-RAM)通过远程聚焦，场曲校正以及快速横向和轴向扫描等技术进步解决了这些问题。完整的 2p-RAM 允许在跨越多个大脑区域的任何地方进行高分辨率成像，并且分辨率接近衍射极限。快速三维扫描系统允许在整个成像体积中的任意感兴趣区域中有效地采样神经活动。

4.2.3 美国斯坦福大学医学院

美国斯坦福大学医学院的研究涉及基础科学、临床科学、转化科学和跨学科协作。例如：关注生物化学的基因技术中心、关注化学和系统生物的高通量生物科学中心、与临床医学/跨学科相关的癌症研究所、心血管疾病手术、神经学及手术、转化研究及教育中心、跨学科的儿童健康研究所等。

斯坦福大学医学院在心脏内外科、肿瘤、放射诊断及神经科学等许多领域取得重要医学成果。它在心脏移植技术和心脏介入技术方面的领导地位已得到世界的公认，在肿瘤方面的成就包括何杰金氏病的化疗及放疗技术。病人在斯坦福大学医学院可以得到最先进的抗癌治疗，包括最新的放疗方案、化疗药物、用单克隆抗体和手术治疗各种淋巴瘤的技术等。斯坦福大学医学院在神经疾病的内外科治疗方面实力较强，其放射诊断技术、核磁共振成像技术也是世界上最先进的。斯坦福大学医学院的研究人员荣获很多本领域的大奖，二十余年共有六名诺贝尔奖获奖者，名单如表 4-4 所示。

斯坦福大学数据科学资源门户网站提供了开展临床和转化创新研究的工具、数据集、数据平台和方法，具体提供了表 4-5 所示的平台和工具来帮忙研究人员收集和管理生物医学数据。

表 4-4 斯坦福大学医学院诺贝尔奖获奖者

获奖时间与奖项	获奖者	获奖理由
2013 年化学奖	迈克尔 · 乐维特(Michael Levitt)	为复杂化学系统创立了多尺度模型
2013 年医学奖	托马斯 · 苏德霍夫(Thomas Sudhof)	发现并解释了囊泡如何在指令下精确地释放出内部物质
2012 年化学奖	布莱恩 · 科比卡(Brian Kobilka)	G 蛋白偶联受体研究
2006 年医学奖	安德鲁 · 法厄(Andrew Fire)	在真核生物中发现 RNA 干扰现象，证明了双链 RNA 能高效特异性地阻断相应基因的表达
2006 年化学奖	罗杰 · 科恩伯格(Roger Kornberg)	真核生物转录的分子基础研究
1980 年化学奖	保尔 · 博格(Paul Berg)	核酸研究

表 4-5 生物医学数据收集和管理平台与工具

平台和工具名称	功能描述
健康信息登记系统	一种学习型医疗保健系统，用于监测斯坦福医疗中心和儿童医院数万名患者的健康状况和结果
计算平台	一种面向高风险数据安全、易用、可扩展的研究计算环境，包括一个内部部署的高性能计算集群和一个外部的谷歌云，采用一些常用的数据分析和建模工具
临床研究管理系统(OnCore™)	用于研究管理、参与者情况追踪和报告
电子研究数据库	一种安全、可靠、功能丰富、符合健康保险可移植性和责任法案标准(Health Insurance Portability and Accountability，HIPAA)的数据库，用于存储研究数据
斯坦福癌症研究所数据库(Stanford Cancer Institute Research Database，SCIRDB)	一个无缝连接临床、标本和实验数据、统计和查询工具的平台
斯坦福研究数据库(Stanford Research Data Repository，STARR)图表审核工具	提供符合伦理委员会标准的斯坦福患者数据概览
STARR 群组发现工具	用于了解符合特定临床表型的患者情况

斯坦福大学数据科学资源门户网站提供了超过 170 个数据集的千万亿次级数据仓库，包括斯坦福本身收集的临床数据和各种人口健康数据集，如表 4-6 所示。

表 4-6 斯坦福大学医学院的数据库

数据库名称	功能描述
商业索赔和冲突医药保险数据库(MarketScan)	提供针对特定人员的临床使用、支出、门诊、处方药等情况
门诊数据	商业健康计划数据
医疗成本和利用项目数据	美国最大的纵向医院数据集
综合公共用途微数据集	个人和家庭人口普查记录数据

斯坦福大学医学院支持许多共享研究设施，提供专业的科学仪器和服务。其中包括 23 家科学服务中心，这些服务中心以预定的费用向所有研究人员开放，其中包含一些多个实验室共享的核心设施，如表 4-7 所示。

表 4-7 重大科技基础大设施

设施名称	功能
细胞科学成像设施	提供高分辨率、最先进的光学和电子显微镜技术，用于成像和分析细胞、组织和生物工程材料的分子和结构
计算服务和生物信息学设施	提供软件和计算资源，用于科学研究和一般管理用途
荧光激活细胞分选设施	提供流式细胞仪器和仪器培训、工作人员辅助仪器操作和咨询服务
蛋白质和核酸生物技术设施	提供各种仪器和技术能力，包括基因表达、新一代测序、DNA 测序/片段分析、单细胞基因组学、蛋白质分析等服务
斯坦福功能基因组学设施	提供高通量测序、微阵列基因表达、基因分型、DNA 和 RNA 提取等基因组学服务

4.2.4 德国马普人类认知与脑科学研究所

2004 年 1 月，马普认知神经科学研究所和马普心理学研究所合并为马普人类认知与脑科学研究所。该研究所围绕人类认知能力和大脑开展研究，着重于大脑功能的神经基础研究，如语言、情感、人类社交行为、音乐、动作等。其他研究还包括大脑中的塑性变化及对感知功能的影响、高血压和肥胖等现代疾病的神经和激素基础、神经科学成像方法。该研究所包括神经内科、神经心理学和社会神经科学三大研究部门(Max Planck Institute，2019)。

2012 年 8 月，马普人类认知与脑科学研究所揭示了阅读障碍的神经学致病因素，指出阅读障碍相关的许多症状都能够追溯到丘脑中内侧膝状体的故障，为相应治疗药物的研发奠定了重要基础。2006 年 2 月，该研究所发现大脑内存在着两个不同的区域，负责处理不同的语言类型。简单句子结构在一个形态学上古老的区域被处理，这在猿猴身上也存在。相对复杂的句子则在一个相对年轻化的区域处理，该区域仅存在于高等进化物种(如人类)脑中。这些基础性研究结论非常重要，加深了对人类语言能力的认识。

1) 成像数据分析软件 Lipsia

Lipsia 是马普人类认知与脑科学研究所自行开发的面向功能性磁共振成像数据分析的软件工具，包括注册和规范化、预处理、探索处理、统计评估、兴趣区域分析、时间过程分析、可视化、各种数据格式转化等数据处理功能。

2) 高分辨率大脑处理工具

该工具可为分辨率高达 400 微米的核磁共振图像的皮质分析提供全自动处理流程，包括头骨剥离、全脑分割、皮质提取、轮廓评估等。

3) 监控大脑活动的扫描仪

该研究所通过核磁共振扫描仪、脑磁波描记器、经颅磁刺激等检测技术来实现对大脑活动的监控。

虚拟环境实验室创建了一种虚拟世界，为研究社会现象提供了一种强有力的工具，可用于设计实验范式，以通过物理世界中难以甚至不可能实现的方式来控制社会认同和行为等。研究人员可结合虚拟环境技术和神经成像技术来研究社会和情感神经科学。卫星实验室通过多台互联计算机来提供运算服务。

4.2.5　欧洲核子研究中心

CERN 是世界上最大的粒子物理研究中心，也是万维网的发祥地(CERN，2019)。1951 年起，欧洲 11 个国家开始筹划，并于 1954 年 9 月正式创立 CERN。CERN 为高能物理学研究提供粒子加速器和其他基础设施，设立大型计算中心，协助实验数据的分析，供其他地方的研究员使用。

IT 小组负责保障 CERN 信息技术方面的需求，诸如计算机安全、数据库服务、文件服务、电子邮件、工程软件、网格服务、硬件、IT 基础设施、网络、操作系统、物理计算、打印服务、存储服务和电话服务等，其中工程软件包括电子/电气设计、数学、机械设计、软件开发和结构分析等工具。

在粒子物理研究方面，CERN 部署了众多大型科技基础设施，主要包括全球大型强子对撞机网格、质子同步加速器、超级质子同步加速器、反质子积累器、低能反质子环、反质子收集器、反质子减速器、大型正负电子对撞机、大型强子对撞机、长基线中微子实验。

第 5 章　中国科研信息化的创新与展望

当今世界，谁能更好认识和把握信息化大势，谁能更好适应和引领新生产力发展方向，谁能更好推动生产关系和上层建筑变革，谁就能赢得新的全方位综合国力竞争。信息化为中华民族带来了千载难逢的机遇，我们不能有任何迟疑、任何懈怠，必须将机遇紧紧抓在手里。

5.1　中国科研信息化的新范式

5.1.1　信息化成为现代科学研究不可或缺的手段

在上千年科学研究活动的演进中，人、资本、工具(科学仪器)、方法(理论)已经成为科学研究必然的投入要素。过去几十年，计算机辅助科学家开展了大量的计算工作，成为科研工具中重要的一种类型。然而随着信息化技术的飞速发展，信息化技术不仅是在科学研究中起到辅助与支撑的作用，而且可以依靠信息化技术自身的逻辑方法驱动甚至引领科学研究活动。现阶段，人类社会从宏观到微观、从自然到社会的观察、计算、传播等活动，正在越来越快速地产生出海量且多样的数据。数据爆炸性增长，使数据成为科学研究过程中重要的一环，将数据转化为信息和知识需要强有力的信息化计算平台的支撑。因此，数据与计算平台作为科学研究一种独立的、不可或缺的投入要素成为必然。人、资本、科学仪器、数据与计算平台、方法(理论)成为科研活动的五大基本投入要素，信息化手段不仅可以支撑，更将驱动着科学研究快速向前发展(廖方宇等，2019)。

5.1.2　科研信息化基础设施向集成化、一体化迈进

数据密集型科学的深入发展导致科学数据呈指数级增长，迫切需要对现有数据、计算、网络等各类信息化基础设施进行优化整合，集中优势资源攻克科研难题。2019 年 12 月中科院的“中国科技云”2.0 成功上线发布，标志着中国科研信息化基础设施发展进入了新阶段。目前的“中

国科技云”汇聚了 315PF 计算资源、150PB 存储资源以及数十 PB 的科学数据资源，集成部署了综合服务平台 52 个、各类科研软件 409 款；围绕着科技创新全过程提供网络服务、存储服务、计算服务、数据信息服务、科学软件服务及科研社区服务等九大类典型云服务为国内外广大科技工作者提供便捷易用的云服务。“中国科技云”是服务科研创新的专有云，也是面向全球合作的开放科研云。“中国科技云”代表了未来科研信息化基础设施的重要发展方向，即汇聚各类科技资源，打造一体化科研信息化平台。

5.1.3 异构 E 级机将成为超级计算新标杆

随着数据分析和人工智能技术的计算需求日益高涨，美国、日本、欧洲等主要国家和地区均早早开始布局百亿亿次(E 级)超算及更高速度的超算研发，尽全力争夺下一代超算的战略制高点。中国也于 2019 年按计划完成了 E 级原型机的研发，并计划将在 2020～2022 年推出 3 台 E 级机。高性能计算应用的发展和进步需要数学、计算科学、应用领域等学科的深度交叉融合。我国国产高性能计算机最近发展迎来“井喷期”，立足国产高性能计算机，促进重大科研成果的产出，需要重点发展高性能计算环境和应用软件，形成国家重大科技基础设施。需要强调的是，我国在算法与软件方面的积累仍然相较薄弱，需继续花大力气迎头追赶国际先进水平。未来需要重点建立国产系统的应用生态，即通过产业界、学术界和应用部门之间的协调，把系统研发、应用研发和整个计算基础设施的研发整合起来，真正形成具有世界竞争力的科学产业和基础设施，加速重大科研成果的产出。

5.1.4 科学数据资源已成为国家战略资源

在党的第十九届四中全会上，中央首次公开提出健全劳动、资本、土地、知识、技术、管理和数据等生产要素按贡献参与分配的机制。数据作为资产已成为最具时代特征的新生产要素，提升生产效率的作用凸显。而科学数据已经成为科学研究的战略性、基础性资源。科学数据中心是开展科学数据管理、共享和应用服务的专业化机构，美国、澳大利亚、欧洲等国家和地区已经建立了多个数据保存、数据归档、数据服务的国家级科学数据中心。这些数据中心依托科研计划、科学联盟、国际组织和科学期刊等，吸引全球相关领域数据的汇聚，有效促进了其所在国家或国际组织的基础学科数据汇聚、归档、共享和应用服务，推进了国家基础科学创新研究，并引领着当今全球数据驱动的科研创新发展。

5.1.5 科研管理信息化走向智能化

随着全球信息化迅猛发展，科研活动及科研管理范式正在快速发生改变。作为科学与工程数据密集型机构，科研院所推进管理信息化已成为提升机构效率和管理庞大科研数据的迫切需求和必然趋势。随着人工智能、云计算、大数据、区块链等新兴技术发展，各高校科研信息系统不再只是单一的项目管理功能，已发展成为对科研项目全流程实施的监控管理信息平台，可保存、共享、分析各类科研数据。20 世纪 90 年代始，国内外高校及科研机构均实现了不同程度的教育信息化，其发展带来了教育形式和学习方式的重大变革，促进教育改革。近年来我国不断推动信息化与科研创新的融合，科研院所信息化变革提速，科研管理信息化正成为各方认同的主流趋势。在大数据背景下，势必推动科研机构管理从经验决策向数据驱动型决策转变，该理念将贯穿内部运营绩效评估、研究趋势跟踪和预测、主要设施建设进展监督等机构管理全流程，智能分析和辅助决策功能成为科研机构管理信息系统的新发展趋势。未来 5～10 年人工智能与管理信息化融合将从探索阶段进入以搭建数据管理和处理的人工智能应用平台为中心的高速发展阶段，人工智能在智能制造、交通管理、财务管理、教育信息化、城市应急管理等领域的应用将逐渐走向成熟，从管理需求个性化、管理流程精准化和支持决策科学化等方面推动管理信息化走向智能化。

5.1.6 现代 IT 治理体系将有效提升科研机构应变能力与管理效率

IT 治理是描述企业或政府是否采用有效的机制，使得 IT 的应用能够完成组织赋予它的使命，同时平衡信息化过程中的风险，确保实现组织的战略目标的过程。它的使命是：保持 IT 与业务目标一致，推动业务发展，促使收益最大化，合理利用 IT 资源，适当管理与 IT 相关的风险。从全球范围来看，各国的科研机构经或自发或自觉地开展了各种形式的 IT 治理实践。受组织性质、目标定位、科研内容等实际情况的影响，各类科研机构的 IT 治理工作各具特点。信息技术在组织与企业中发挥了极其重要的作用，信息化被各科研单位普遍提升到了前所未有的高度，IT 治理体系与首席信息官(chief information officer, CIO)制度被广泛地采纳执行，在 IT 方面持续、稳定地高投入是科研机构信息化转型、完善 IT 治理体系的必然。在 CIO 制度上，CIO 既是机构决策层的一员，参与本机构战略与业务决策；又是信息化部门的最高领导，领导和保证信息化部门的建设规划符合组织机构的整体战略要求，成为管理层与信息化部门之间的桥梁。

5.2 中国科研信息化的新发展

新一代信息化技术不断创新突破，数字化、网络化、智能化深入发展，世界经济数字化转型成为大趋势。我们应该抓住信息化发展为中华民族带来的千载难逢的历史机遇，推动信息科技领域核心技术突破，发挥信息化对经济、社会、科学、文化发展的引领作用，主动参与网络空间国际治理，大力推进网络强国建设。

5.2.1 新一代信息技术在深度和广度并行发展

“5G+云+AI”的组合最具代表性。以 5G 为代表的通信技术，以 AI 为代表的信息技术，和以云计算为代表的底座平台技术，三者彼此间紧密融合，释放巨大能量。物联网、人工智能、大数据、云计算等技术的融合发展促进了基于 4K/8K 超高清视频、AR/VR 等沉浸式交互模式的逐步成熟，随之不断渗透，推动了各产业的数字化、网络化、智能化水平不断提高，催生了全新的应用场景和商业模式。新一代技术趋势和应用将对未来网络提出新的需求，从技术角度出发，充分考虑全球未来网络发展现状以及对未来网络能力的需求，其发展趋势主要包括如下六个方面。

1. 面向 2030 的网络架构

随着新媒体业务、工业控制、5G 等新应用场景的出现，未来网络，特别是面向 2030 年的网络应该具备哪些能力与功能成为未来网络架构发展需要考虑的关键问题。ITU 在 ITU-T SG13 全会上决议通过了成立 Network 2030 焦点组(Focus Group on Network 2030, FG-NET-2030)，旨在探索面向 2030 年及以后的网络技术发展，包括新的媒体数据传输技术、新的网络服务和应用及其使能技术、新的网络架构及其演进。由中国信息通信研究院、华为技术有限公司发起的网络 5.0 产业和技术创新联盟于 2018 年 6 月成立，主要就下一代数据网络——网络 5.0 的相关工作展开筹备，包括梳理其应用需求，定义愿景，设计架构与协议、关键技术(如服务质量、移动性、安全等)、实现及验证等，同时通过交流与合作的方式与国内外相关组织达成共识，进一步推动相关产业发展。

2. 数据平面可编程

软件定义网络的可编程性目前仅局限于网络控制平面，其转发平面在很大程度上受制于功能固定的包处理硬件。新一代高性能可编程数据包处理芯片与高级语言“P4”的出现，使得摆脱网络数据平面的束缚成为可能，让网络拥有者、工程师、架构师及管理员可以自上而下地定义数据包的完整处理流程。这种可编程数据平面有助于网络系统供应商进行更快速地迭代开发，甚至可以直接通过打补丁修复现有产品中发现的数据平面程序漏洞或功能缺陷。它也可以帮助网络拥有者实现最适合其自身需求的具体网络行为。

3. 低时延-确定性时延网络

如何控制端到端的时延、实现超低时延传输是目前 IP 网络面临的重要问题之一。工业控制、远程医疗、机器人、VR 游戏、导弹控制等场景需要端到端时延的精准控制，要求毫秒级的时延和微秒级的抖动；数据中心、5G 物联网等场景下，高性能计算、大数据分析和浪涌型 IO 高并发等技术要求网络满足超低时延的要求。由此可见，低时延、确定性时延成为时延敏感型业务的迫切需求。

4. 网络/计算/存储一体化与智能分发

面向 AR/VR、海量 4K/8K 高清视频等众多新业务需求，网络/计算/存储一体化以及在多维资源一体化平台中融入内容分发能力正在成为未来网络技术发展的重要趋势，这是因为：一方面，并行计算、效用计算、高性能计算等技术逐步成熟，计算与网络基础设施的融合已成必然趋势；另一方面，随着技术进步，存储设备的成本呈现快速下降趋势，在网络中集成存储功能、利用存储换取带宽成为一种可行的设计思路。

5. 人工智能

人工智能技术为人类社会的持续创新提供了强大的驱动力，开辟了广阔的应用空间。大规模网络带来了迫切的自动化管理需求，网络引“智”，化“繁”为“简”。网络逐步加强智能化能力，可以使运营商网络运营决策科学化、业务个性化、维护精准化和服务高效化。与此同时，运营商级别的自动化网络操作系统逐步投入使用，为网络人工智能的发展奠定了基础。

6. 开源

开源是未来网络研究发展的一个重要特征，目前已经在网络控制平面、数据转发平面、业务编排管理、软硬件及芯片等各个方面都成立了开源项目，如 OpenDaylight、ONOS、ONAP 等，并被广泛认可。

5.2.2 云计算进入 ABC 融合新时代

人工智能算法、万物互联、超强计算已经推动云计算发生质变，云计算进入 ABC(AI、big data、cloud computing)融合时代，开始聚焦于新业务新应用，通过微服务框架以及云设计原理，借助容器(Kubernetes+Docker)、无服务器(serverless)技术、大数据和 AI 深度学习等平台云服务，实现高度自动化、高度自治的新代云应用及架构，使业务创新更聚焦、更智能、更灵活、迭代更快。

1. 多云管理与混合云成为主流

多云与混合云成为刚需，跨云跨区域的资源统一管理与调度成为首要问题。根据 IDC 报告预测，到 2020 年时，全球超过 90%的企业会使用多云的服务和平台，而其中超过三分之一的组织已经建立起运营多云环境的机制。到 2024 年，全球将有 90%的企业具备多云管理策略，包括跨公有云和私有云的集成工具。

2. 从通用计算到异构计算，推动异构算力融合

随着科学计算、自然语言处理、语音技术、图像、视频、知识图谱等技术能力的发展和上云，通用计算服务器资源已不能满足这些超强计算型应用的需求。因此，数据基础设施必须支持以 GPU、FPGA 和 ARM 为

代表的异构计算，即从单一算力到多样性算力，匹配多样性数据，为中心、云和边缘提供更高性能的计算资源，使得数据基础设施中的应用更高效运行。

3. 云-边-端一体化的计算新格局兴起

在云基础设施和云架构方面，云资源管理和应用调度已向边缘计算节点的方向发展。边缘云的兴起用以满足就近计算的业务需求，以达到最低延时，避免网络带宽拥塞等问题。此外，机器学习和推理模型需要分布在边缘节点和中心云协同执行，这促进了联合 AI(federated AI)和端边云协同技术的发展。

4. AI 用于云服务本身的运维和管理

智能运维(AIOps)结合了大数据、机器学习和可视化技术，通过更强的洞察力来优化 IT 运维。Gartner 公司预测，未来五年智能运维平台将成为主流。至 2022 年，40%的大中型企业将部署 AIOps 平台，大幅降低人力成本的同时，保障其业务系统更加稳定、高效、安全运转。

5. 云计算下沉行业场景，向垂直化、产业化纵深发展

随着通用类架构与功能的不断完善以及对行业客户的不断深耕，云计算自然地渗透进入更多垂直领域，提供更贴近行业业务与典型场景的基础服务能力。科研领域典型的垂直云代表有气象云、农业云、地质云等。

6. 云的生态建设重要性不断凸显

当云平台发展到一定规模和阶段，除了继续研发新技术和产品外，还需注重对生态和社区的建立与培育，聚合大量的服务提供商基于云平台提供各类解决方案。云平台提供商空前重视开发者关系，并视之为核心竞争力。

5.2.3　全球开放科学合作促进高速网络与资源共享

高速国际网络互联支撑大数据传输，2019 年 6 月在 TNC19 上，日本研究与教育网(SINET)利用 MMCFTP 协议进行实验，通过四条 100 Gbps 线路成功实现了日本和爱沙尼亚间 321Gbps 的数据传输速率。高速网络支撑

全球大科学计划与工程，欧洲 GÉANT 实现了与全球 100 多个国家网络互联。支持 LHC 和正在开发的平方公里射电阵列(square kilometre array, SKA)等极大规模科学设备海量数据传输和科研合作。E 级超级计算对高速网络质量提出更高要求，多点部署 E 级超级计算机，需支持从多个地区访问，用户对高速网络的要求变得更加迫切，同时还需保证网络高质量。全球科学数据与计算平台蓬勃发展，开放共享成为主流，欧洲 EOSC、中国 CSTCloud、澳大利亚 NCI、美国 XSEDE2.0 以及非洲 AOSP 等机构组织共同支撑全球开放科学合作。

5.2.4 数据存储进入海量、异构多质、绿色和智能的时代

新型计算与存储技术是信息科学的核心，互联网及其延伸而来的移动互联网和物联网等新型网络平台，使得计算及相关资源与个体/群体全面互联互通互惠，并对计算机系统提出了新的挑战，迫切需要大幅度提升计算机的能效、速度、适用性和可靠性。进一步地，随着大数据时代的到来，设计合理的存储架构已成为大数据信息系统的关键，解决困扰大数据处理的 IO 效率低下问题并确保复杂计算机信息系统的安全，是推进大数据处理平台研究的基础和重要发展方向。

海量、多元和非结构化：根据 IDC 报告，全球信息化数据量每两年翻一番，到 2025 年达到 165ZByte。数据环境向多元动态大数据发展，大量文本、图片、视频等非结构化数据被产生和存储。

异构多质：多种存储介质并存(磁+光+电)，各尽其用。

绿色化：在强调高性能的同时也追求能效优化，利用特定存储介质或者新型冷却技术实现节能减排。

智能化：根据数据的特点选择最合适的介质，并支持动态迁移和智能调度。

5.2.5 国产芯片成为国产超级计算新主流

目前我国 CPU 芯片行业多种技术路线同时发展，包括 MIPS、Alpha、ARM、X86，其中领导厂商为龙芯、申威、飞腾、兆芯、海光、鲲鹏等。各具特色的 CPU 针对不同的场景，满足特定的需求。在超级计算领域，申威、飞腾、海光已完成 E 级原型机研发，将在“十四五”期间研发 E 级超级计算机。

在芯片技术方面，飞腾芯片基于 ARM 架构开发，主要应用于服务器端。飞腾核心研究团队为国防科技大学计算机学院，飞腾购买了 ARM 的 IP 授权，可进行自主 CPU 基础架构的研发。2015 年，团队设计出代号为“火星”的 CPU 芯片是世界上第一款基于 ARM 架构的 64 核 CPU。“火星”在飞腾芯片体系中被命名为 FT-2000，其性能与 Intel 公司的 E5 服务器芯片持平。飞腾芯片得到了百度、阿里等国内云计算平台采购订单。申威处理器源自 DEC 的 Alpha21164，具体负责研发的单位是江南计算技术研究院，具有完全自主知识产权的处理器系列，浮点计算能力强，单核性能较弱，主要应用在超算领域。海光芯片是基于 AMD 最新的 Zen 架构研发的 X86 芯片，由天津海光研发，具有 AMD 公司技术授权。海光芯片的优势在于与目前主流的 Intel 芯片同属 X86 架构，拥有较完备的软件生态。

5.2.6　人工智能被视为科技与产业突破的关键技术

自 2013 年以来，全球已有美国、中国、欧盟、英国、日本、德国、法国、韩国、印度、丹麦、芬兰、新西兰、俄罗斯、加拿大、新加坡、阿联酋、意大利、瑞典、荷兰、越南、西班牙等国家和地区发布了人工智能相关战略、规划或重大计划。欧盟 28 国 2018 年签署《人工智能合作宣言》共推人工智能发展；东盟正在计划制定“东盟数字融合框架行动计划”，促进人工智能合作发展。

美国致力于确保其人工智能在全球的领先地位。2019 年 2 月，特朗普签署行政令，启动美国人工智能倡议，从国家层面调动更多联邦资金和资源，投入人工智能研究，重点推进技术研发、资源开放、政策制定、人才培养和国际合作五个领域。2019 年，美国更新“国家人工智能研发战略计划”确定了优先发展的基础研究、人机协作、伦理法律和社会影响、安全、公共数据和环境、标准、人力资源、公私合作等八大战略方向，强化政策制定和投资指引，加大国防科技长期投资，并在新版研发战略中强调了公私合作的重要性。

欧盟确保欧洲人工智能的全球竞争力，发布“欧盟人工智能战略”，签署合作宣言，发布协同计划，联合布局研发应用，确保以人为本的人工智能发展路径，打造世界级人工智能研究中心，在类脑科学、智能社会、伦理道德等领域开展全球领先研究。

德国推动人工智能研发应用达到全球领先水平，定位打造“人工智能德国造”全球品质，发布“联邦政府人工智能战略”，制定三大战略目标，编制 12 个具体行动领域，重点发展机器人、自动驾驶等。

英国致力于建设世界级人工智能创新中心，发布“国家产业战略：人工智能领域行动计划”，打造最佳创业和商用环境，升级基础设施，建设遍布英国的人工智能繁荣社区，谋求利用其在计算技术领域的深厚积累和基础领域的创新优势，再次引领全球技术产业发展。

日本以建设超智能社会 5.0 为引领，将 2017 年确定为人工智能元年，发布国家战略，全面阐述了日本人工智能技术和产业化路线图，针对“制造业”“医疗和护理行业”“交通运输”等领域，希望通过人工智能强化其在汽车、机器人等领域全球领先优势，着力解决在养老、教育和商业领域的国家难题。

5.2.7 新兴技术将引发科技创新模式新变革

随着新兴技术的蓬勃发展，人工智能、量子计算、区块链、虚拟现实等新兴技术将促成科研创新模式的新一轮变革。科学数据的获取、存储和处理将更加自动、智能和便捷，这也有助于加速科技重大问题的解决。例如，智能化是科研信息化深入发展的必然趋势和高级阶段，人工智能帮助人类更好地进行数据分析，改变思维方式，为科学研究，尤其是数据密集型科研提供了前所未有的支持。越来越多的科研活动开始采用机器学习、深度学习、图像识别、自然语言处理等人工智能技术来完成传统科研手段无法实现的目标。例如，准确预测蛋白质结构，提高疾病诊断效率和正确率，设计和开发新材料，寻找新的行星，以及对国家重大科技基础设施产生的海量原始数据进行有效筛选等。量子计算借助量子力学规律处理信息，具有天然的并行计算能力，能够应对传统方法根本无法或难以解决的问题，可实现计算能力质的飞跃。已有科学家在数学上证明了量子计算与监督机器学习相结合的方式可以实现数据分类速度的指数级增长。区块链技术除了在当前应用最多最成熟的金融服务、供应链管理等行业外，将会在更多行业应用，例如，利用区块链解决科学数据共享问题，利用区块链实现实验设备和资源共享，学术交流和学术评价信息的存储，以及学术成果的发表等。此外，作为继个人电脑和智能手机之后的新一代通用计算平台，虚拟现实/增强现实可用于构建现实场景、结构构件和机械设备，从而模拟施工过程，还可以用于外科手术培训、新药治疗、虚拟校园等。

5.3　中国科研信息化的新挑战

5.3.1　信息化基础设施与国际一流仍存在差距

信息化基础设施能力远不能满足科研创新要素日益增长的需求。信息化时代，国家重大科技基础设施、国家科学数据中心、野外科学观测研究站等科研单元都对科研数据的采集、传输、存储、分析、计算、可视化以及归档带来巨大挑战，对信息化基础设施能力提出了直接需求。例如，中科院现有的信息化基础设施——“中国科技云”虽然已基本覆盖全院一百多家科研院所，但对于已经接入的科研单元存在带宽不足、按需调度能力不足等问题。

5.3.2　科学数据中心体系，从政策到落地，需逐步完善

为落实国家《科学数据管理办法》，进一步加强科学数据管理，保障科学数据安全，提高科学数据开放共享水平，促进科技创新和经济社会发展，2019 年 2 月，《中国科学院科学数据管理与开放共享办法(试行)》正式发布，明确提出开展中科院科学数据中心体系建设。中科院科学数据中心体系建设将践行工程化项目向常态化运行、平台建设向生态构建的重要转变，建设由总中心、学科中心、所级中心构成的“分工明确、有机协同”的院科学数据中心网络，建设发展安全、评价、运行等三大体系，实现院科学数据工作体系化、常态化，形成一体化的科学大数据生产、管理、应用和开放共享的生态系统，引领数据开放共享与驱动科学创新。目前，项目建设已启动，但整个体系的建设不可能一蹴而就，需要顶层设计出发，迭代演进，在建设中不断完善和发展，任重而道远。

5.3.3　缺乏权威和有影响力的科学数据品牌

我国长期高度重视科学数据工作，开展科学数据库建设已超过 40 年，建成了一批有影响力的科学数据库，形成了较为完备的科学数据技术服务体系，有力支撑了国家宏观决策与重大科学发现，引领了我国科学数据工作前沿。但是，在部分学科研究中，依然存在数据质量差、数据共享程度

不高的问题，尚缺乏领域优势的权威数据库，缺乏有国际影响力的科学数据中心。

5.3.4　缺少自主可控的科学数据与高性能计算软件

2020 年 1 月，美国商务部发布新的出口管制措施，将限制人工智能软件出口，并给出了软件类别清单。从清单上可以看出，主要限制的是利用人工智能技术的图像与目标识别类软件。我国自主积累的科学数据管理软件和高性能计算软件仍处于课题组使用层面，未能在学科领域全面推广使用，我国面向科学研究的数据管理软件、高性能计算应用中间件、基础算法库软件、专业应用软件严重依赖国外。目前，部分国外厂商已对我国科研人员采取不同程度的打压和封锁手段，可以预想，在极端情况下可掐断我国相关领域研究。

5.3.5　大数据与大计算融合的大科学研究模式需创新

科学研究已经进入大数据时代，数据驱动的科研创新已经成为科学研究的新范式，同时科学研究也从知识体系学科分块深入转向整体性交叉融合，综合运用多学科领域基础科学数据、知识实现科研创新也成为当今科研创新的新方向。随着科研新模式的发展，大数据、人工智能、区块链等先进技术支撑和保证手段的创新跟进尚显不足，各学科领域对先进信息技术有较大的实际需求，且大部分应用都处于新技术的初级试用与尝试阶段，未能有效地与科学研究工作深入结合，对重大科技产出的推进作用尚未显现。如何为不同学科领域的科学家搭建方便、好用、易上手的先进信息技术应用环境，为其提供数据、计算、模型一体化的服务，将新兴技术与科学研究开展深入融合的探索是未来五年科研信息化发展的重要方向之一。

5.4　中国科研信息化未来展望

5.4.1　科研信息化将为各行业带来新的驱动力

2014 年，习近平总书记在国际工程科技大会上的主旨演讲中指出，信息技术成为率先渗透到经济社会生活各领域的先导技术，将促进以物质生产、物质服务为主的经济发展模式向以信息生产、信息服务为主的经济发展模式转变，世界正在进入以信息产业为主导的新经济发展时期。随着信息技术的迅猛发展，信息化已经成为一种重要的赋能手段，信息化与传统行业、传统科学研究方法的深入融合能迸发出新的火花和驱动力。

5.4.2　科研信息化将服务国家科技布局

“十三五”以来，国家发展改革委、科技部先后于 2016 年 2 月、2017 年 1 月、2017 年 5 月批复了上海张江、安徽合肥和北京怀柔等三个综合性国家科学中心的建设方案。2018 年 12 月，国务院批复了《河北雄安新区总体规划(2018—2035 年)》；2019 年 2 月，中共中央、国务院印发了《粤港澳大湾区发展规划纲要》；2019 年 12 月，中共中央、国务院印发了《长江三角洲区域一体化发展规划纲要》。同时，我国也在积极筹划国家实验室的建设，未来国家科技布局轮廓逐渐清晰。为实现 2035 年跻身创新型国家前列的战略目标，信息化建设应积极响应、落实国家在国家创新体系方面的战略部署，满足科技创新单元对于网络、计算与数据等信息化基础设施能力的需求，提供低时延、超高吞吐、大并发的先进信息化基础设施环境，通过提供优质的信息科技服务，提高高校、科研机构、创新型企业、高水平创新基地的科技创新效率，构筑高效协同的国家创新体系。

5.4.3　科学数据中心成为我国创新体系的重要组成

2018 年 3 月，国务院办公厅正式印发《科学数据管理办法》，办法中明确了各部委、科研机构对科学数据管理的职责，对科学数据管理、共享与利用提出了较高的要求。同时，该文件还提出了建设国家科学数据中心的要求，明确其职责包括四个方面：一是承担相关领域科学数据的整合汇交工作；二是负责科学数据的分级分类、加工整理和分析挖掘；三是保障科学数据安全，依法依规推动科学数据开放共享；四是加强国内外科学数据方面交流与合作。科技部第一批公布的 20 家国家科学数据中心中，中科院占 11 席，这是对中科院多年来持续开展科学数据工作的认可，同时也对这 11 家国家科学数据中心提出了更高的要求。国家科学数据中心既是当前国家创新体系的基础要素，又是未来国家创新体系的重要引擎之一，是变革未来创新模式的重要推手。

5.4.4 科研信息化必须高度重视网络安全，逐步实现国产自主与安全可控

"没有网络安全，就没有国家安全"，2018 年 4 月的全国网络安全和信息化工作会议将网络安全上升到国家安全层面，为加快我国网络安全能力建设指明了方向。《中华人民共和国网络安全法》定义网络数据为通过网络收集、存储、传输、处理和产生的各种电子数据，并鼓励开发网络数据安全保护和利用技术，促进公共数据资源开放，推动技术创新和经济社会发展。国家互联网信息办公室在 2016 年 12 月发布的《国家网络空间安全战略》中，提出要实施国家大数据战略，建立大数据安全管理制度，支持大数据、云计算等新一代信息技术创新和应用，为保障国家网络安全夯实产业基础。当前正处于新旧动能转换的关键时刻，国产替代加速将为自主可控领域的成长提供强劲动力，全球科技创新活动密集活跃，中国科研能力也在不断提升。但"中兴事件"表明核心技术受制于人将为大国崛起带来阻碍，并且国外软、硬件的预装"后门"也会带来网络信息安全隐患，只有把关键核心技术掌握在自己手中，才能从根本上保障国家经济安全、国防安全和其他安全。关键科学技术是国之重器，应努力推动移动通信、核心芯片、操作系统、服务器等科技制造领域的自主研发与应用。

参 考 文 献

陈明奇，褚大伟，洪学海,等.2016. 科研信息化发展态势和思考[J]. 中国科学院院刊, 31(6):608-613.

陈志明. 2012. 科学计算:科技创新的第三种方法[J]. 中国科学院院刊, 27(2):37-42.

陈卓，王笑.2017. 中国超级计算机发展历程[J]. 共产党员, (4):58-59.

丁大尉，胡志强. 2017. 网络环境下的当代虚拟科研组织：内涵、特征与问题[J]. 科学学研究, 35(9):1301-1307.

冯卫东. 2018. DNA 分子计算为可编程药丸铺路[EB/OL]. http://digitalpaper.stdaily.com/http_www.kjrb. com/kjrb/html/2018-10/22/content_406001.htm?div=-1 [2018-10-22].

付豪. 2018. 新媒体在我国现代农业中的推动作用及实现路径[J].中国报业, (20):64-66.

工信部. 2013. 工业和信息化部印发《信息化发展规划》[EB/OL]. http://www.miit.gov.cn/n1146295/ n1146562/n1146650/c3074418/content.html [2013-10-24].

桂文庄. 2009a. 什么是 e-Science[J]. 科研信息化技术与应用, 1(1):1-7.

桂文庄. 2009b. 再谈什么是 e-Science[J]. 科研信息化技术与应用, 2(2):1-5.

国家林业局. 2016.《"互联网+"林业行动计划》正式发布[EB\OL]. http://www.forestry.gov.cn/main/195/content-855231.html [2016-3-24].

国务院.2012. 国务院关于印发"十二五"国家战略性新兴产业发展规划的通知[EB/OL]. http://www.gov.cn/zwgk/2012-07/20/content_2187770.htm [2012-7-9].

国务院.2013. 国务院关于印发国家重大科技基础设施建设中长期规划(2012—2030年)的通知[EB/OL]. http://www.gov.cn/zwgk/2013-03/04/content_2344891.htm [2013-3-4].

国务院.2016a. 中共中央办公厅、国务院办公厅印发《国家信息化发展战略纲要》[EB/OL]. http://www.cac.gov.cn/2016-07/27/c_1119290180.htm [2016-7-27].

国务院.2016b. 国务院关于印发"十三五"国家信息化规划的通知[EB/OL]. http://www.gov.cn/zhengce/content/2016-12/27/content_5153411.htm [2016-12-25].

教育部.2012. 教育部关于印发《教育信息化十年发展规划(2011—2020 年)》的通知[EB/OL].http://www.moe.edu.cn/publicfiles/business/htmlfiles/moe/s5892/201203/133322.html [2012-3-13].

科技部.2007. "十一五"863 计划"高效能计算机及网格服务环境"重大项目正式启动[EB/OL]. http://www.most.gov.cn/gxs/gzdt/200703/t20070329_53104.htm [2007-3-29].

孔丽华. 2009. 美国国家科学基金会的 DataNet 计划[J]. 科研信息化技术与应用, 2(1):73-74.

李霞. 2010. 生物信息学[M]. 北京：人民卫生出版社.

李晓慧. 2018. 这项高精尖的物理研究，现在你也能完成了：MIT 中国科学家打造"傻瓜式”研究工具[EB/OL]. https://www.guancha.cn/HuanQiuKeXue/2018_06_13_459913.shtml[2018-6-13].

廖方宇,洪学海,汪洋,等. 2019. 数据与计算平台是驱动当代科学研究发展的重要基础设施[J]. 数据与计算发展前沿, 1(1): 2-10.

刘可静. 2007. 西方信息共享的理念及其法律保障体系[J]. 图书情报工作, 3: 56-59.

刘霞. 2016. 量子计算机首次成功模拟高能物理实验[EB/OL]. http://scitech.people.com.cn/n1/ 2016/0624/c1057-28474062.html[2016-6-24].

刘霞. 2017. 人工智能筑起网络安全“铜墙铁壁”[EB/OL]. http://www.cac.gov.cn/2017-06/21/c_1121184497.htm[2017-6-21].

刘霞. 2018. 粒子物理学离不开人工智能[EB/OL]. http://digitalpaper.stdaily.com/http_www.kjrb. com/kjrb/html/2018-08/07/content_401004.htm?div=0[2018-8-7].

刘扬, 邓孝慈. 2019. 黑洞首照引发“全民狂欢”的背后[EB/OL]. https://tech.huanqiu.com/ article/9CaKrnKjIdG[2019-4-12].

刘莹, 任罡, 李崇荣, 等. 2013. 建设先进网络基础设施支撑教育信息化发展和应用[J]. 中国科学院院刊, 28(4):482-490.

人民网. 2003. 银河-III 巨型计算机研制成功[EB/OL]. http://www.people.com.cn/GB/historic/ 0622/6608.html [2019-4-29].

人民网. 2009. 曙光 1000 大规模并行计算机系统通过国家鉴定[EB/OL]. http://scitech.people.com. cn/GB/25509/9260/157634/169343/10132360.html [2019-4-29].

孙坦. 2009. 数字化科研——e-Science 研究. 北京: 电子工业出版社.

王冲鶓. 2019. 类脑智能技术初探[EB/OL]. https://mp.weixin.qq.com/s?__biz=MjM5MzU0NjMwNQ==&mid=2650767177&idx=1&sn=077f672f2193d3061840dade49dbac26&chksm=be9eb66789e93f7174d85d90dab9159077a4b708e7ec8bb666a8452e9e0fbfa3b0c9f2bbefcd&mpshare=1&scene=25&srcid=#wechat_redirect[2019-3-28].

王卷乐, 陈明奇, 田奋民, 等. 2017. 学科信息化融合的调查研究[J]. 中国科技资源导刊, 49(2):44-52.

王普勇,王涛. 2011. 高性能计算在基础科学研究中的应用[J].科研信息化技术与应用, 2(4):14-23.

王巧玲, 钟永恒, 江洪. 2009. 英国科学数据共享政策法规研究[J]. 图书馆杂志, 10: 62-65.

王卓, 王礤, 雍歧龙, 等. 2017. 材料信息学及其在材料研究中的应用[J]. 中国材料进展, 36(2): 132-140.

网易智能. 2018. 谷歌用 AI 技术预测病患死亡时间到底是福是祸. http://tech.163.com/18/0623/10/DKVT02OE00098IEO.html [2018-6-23].

微软亚洲研究院. 2017. 微软开源生物模型分析器: 一款基于云的生物研究工具. http://it.sohu.com/20170207/n480093733.shtml [2017-2-07].

吴高潮.2016. 林业信息化发展现状、问题及对策分析[J]. 陕西农业科学, 62(6): 109-111.

新华社.2009. 2006—2020 年国家信息化发展战略[EB/OL]. http://www.gov.cn/test/2009-

09/24/ content_1425447.htm [2009-9-24].
新华网. 2018. 人工智能技术有望提升药物研发效率. http://www.xinhuanet.com/2018-07/19/c_ 1123148728.htm [2018-7-19].
新智元. 2018. 斯坦福 AI 几小时发现元素周期表, 张首晟团队将设计替代图灵测试的新标准. http://www.sohu.com/a/238210307_473283 [2018-6-28].
央广网. 2018. 【专家谈】加快科研信息化发展 建设世界科技强国[EB/OL]. http://baijiahao. baidu.com/s?id=1601937998295280766&wfr=spider&for=pc. [2018-5-31].
杨小渝. 2018. 欧盟框架项目对中国科研信息化的启示. 中国科学院院刊, 33(6):610-615.
姚建华, 徐雯丽, 蒋舒仰, 等. 2019.第一讲 化学信息学概述[J]. 上海化工, 44(3): 7-10.
张春霆. 2000. 生物信息学的现状与展望[J]. 世界科技研究与发展, 22(6):17-20.
张金江. 2010. 欧洲启动超级计算机合作平台计划. http://world.people.com.cn/GB/11845187.html[2019-5-5].
张娟. 2018. 深度学习助力引力波信号搜寻[J].科研信息化技术与应用, 9(3):96.
张梦然. 2018. 人工智能可预测余震发生地点. http://digitalpaper.stdaily.com/http_www.kjrb.com/kjrb/html/2018-08/31/content_402787.htm?div=-1 [2018-8-31].
张彦霞,赵永恒.2004. 虚拟天文台的科学意义[J].天文学进展, (4):350-353.
张彦霞,赵永恒.2006. 虚拟天文台:科学、工具及应用[J].天文学进展, (3):189-199.
张耀南,汪洋,敏玉芳, 等. 2013. 地学 e-Science 发展的回顾与展望[J]. 科研信息化技术与应用, (6)： 15-28.
张云泉. 2019. 2018 年中国高性能计算机发展现状分析与展望[J].计算机科学, 46(1):1-5.
张志强, 范少萍. 2015. 论学科信息学的兴起与发展[J]. 情报学报, 34(10):1011-1023.
张志勤. 2016. 欧委会正式启动欧盟云计算行动计划. http://www.chinamission.be/chn/kjhz/ kjdt/t1357355.htm[2019-5-5].
赵永恒, 陈建生. 2002, 虚拟天文台——新世纪的天文学革命[J].中国科学院院刊, (1):16-20.
赵永恒, 崔辰州. 2011. 从虚拟天文台到天文信息学[J].科研信息化技术与应用, 2(3):3-12.
赵正爽. 2017. 面向材料基因组的材料信息学技术研究[D]. 成都: 电子科技大学.
郑纬民, 薛巍. 2019. 从 2018 年的戈登·贝尔奖说起[J]. 中国计算机学会通讯, 15(1): 38-43.
中国教育与科研计算机网.2019. 世界科技教育网建设[EB/OL]. http://www.edu.cn/html/info/zt/NREN/ [2019-4-29].
中国信息网.2018. 国办印发《科学数据管理办法》提出五大措施[EB/OL]. http://finance.ifeng. com/a/20180402/16056513_0.shtml [2018-4-2].
中国政府网. 2011. 中国科学院介绍“十一五”信息化工作取得的成效[EB/OL]. http://politics. people.com.cn/h/2011/0728/c226651-2384885936.html [2011-7-28].
中科院计算机网络信息中心.2014. NCFC，中国互联网从这里起步——纪念中国互联网 20 周年[EB/OL].http://www.cas.cn/kxcb/kpwz/201404/t20140419_4093686.shtml

[2014-4-19].
中科院海洋所. 2017. 我国科学家制成首套真实海底V R展示研究系统. http://www.qdio.cas. cn/xwzx/zhxw/201703/t20170301_4753373.html [2017-3-1].
周凌芸.2017. 广西洪涝灾情统计信息化建设[J]. 中国防汛抗旱, 27(6): 92-95,124.
诸云强, 孙九林, 宋佳, 等. 2009. 地学信息化科研环境研究与应用示范. 科研信息化技术与应用, 2 (4): 42-51.
诸云强,孙九林,冯敏, 等. 2013. 论地学科研信息化环境[J]. 中国科学院院刊, (4):501-510.
APNIC Labs. 2019. IPv6 Users by Country[EB/OL]. https://labs.apnic.net/dists/v6dcc.html [2019-4-29].
Berkeley Lab. 2017a. How Berkeley Lab Software Helped Lead to the 2017 Nobel Prize in Physics [EB/OL]. http://newscenter.lbl.gov/2017/10/03/berkeley-lab-tools-helped-ligo-nobel-physics/ [2017-10-3].
Berkeley Lab. 2017b. Assessing Regional Earthquake Risk and Hazards in the Age of Exascale [EB/OL]. http://newscenter.lbl.gov/2017/10/04/assessing-regional-earthquake-risk-and-hazards-in-the-age-of-exascale/ [2017-10-4].
Brown University. 2018. New Software Helps Detect Adaptive Genetic Mutations[EB/OL]. https:// news.brown. edu/articles/2018/02/adaptive [2018-2-19].
Carlos M. 2015. Open Innovation, Open Science, Open to the World [EB/OL]. http://europa.eu/ rapid/press-release_SPEECH-15-5243_en.htm[2019-7-20].
CERN. 2019. European Organization for Nuclear Research[EB/OL]. https://home.cern/ [2019-4-10].
Charles Q C. 2017. Artificial Intelligence Predicts Outcomes of Chemical Reactions[EB/OL]. https://spectrum. ieee.org/tech-talk/artificial-intelligence/machine-learning/artificial-intelligence-learns-chemical-reactions [2017-12-4].
Chen L. 2006. Chemoinformatics: Past, present, and future[J]. Journal of Chemical Information and Modeling, 46: 2230-2255.
Christine D, Jo M, Ron A, et al. 2017. Identifying ELIXIR Core Data Resources[EB/OL]. https://f1000research.com/articles/5-2422/v2[2019-9-16].
Columbia University. 2019. Data Science Institute[EB/OL]. https://datascience.columbia. edu/[2019-9-12].
CSIRO. 2019a. About Us[EB/OL]. https://data61.csiro.au/en/About[2019-9-12].
CSIRO. 2019b. D61+LIVE[EB/OL]. https://d61live.csiro.au/[2019-9-12].
Department of Energy. 2010. Scientific Grand Chanllenges: Opportunities in Biology at the Extreme Scale of Computing[EB/OL]. http://www.sc.doe.gov/ascr/ProgramDocuments/Docs/BiologyReport.pdf [2010-4-5].
Department of Energy. 2018. How to Fit a Planet Inside a Computer: Developing the Energy Exascale Earth System Model[EB/OL]. https://science.energy.gov/news/featured-articles/2018/07-12-18/ [2018-7-12].
EGI. 2012. Seeking New Horizons: EGI's Role for 2020[EB/OL]. https://documents.

egi.eu/public/ RetrieveFile? docid=1047&version=1&filename=EGI2020v13.pdf[2019-5-5].

EGI. 2014. EGI for the Open Science Commons [EB/OL]. https://www.egi.eu/blog/egi-for-the-open-science-commons/[2019-7-20].

e-IRG. 2011. Towards a 10-year Vision for a Global Research Data Infrastructure[EB/OL]. http://e-irg.eu/ documents/10920/208828/karayannis_grdi2020_e-irg_april2011_v2_2.pdf [2019-9-16].

e-IRG. 2013. e-IRG Roadmap 2012 [EB/OL]. http://e-irg.eu/documents/10920/12353/e-irg_roadmap_ 2012-final.pdf[2019-7-20].

ESFRI. 2016. Strategy Report on Research Infrastructures [EB/OL]. http://www.esfri.eu/roadmap-2016[2019-7-20].

European Commission. 2011. Planethpc Strategy[EB/OL]. http://www.planethpc.eu/images /stories/ planethpc-strategy.pdf[2019-5-5].

European Commission. 2015a. OpenAIRE is Growing and Now Gathers over 11.5 Million Documents in Open Access[EB/OL]. http://ec.europa.eu/newsroom/itemdetail.cfm? item_id=24254[2019-7-20].

European Commission. 2015b. The European Project OpenScienceLink Pushes Towards Publishing, Sharing and Reviewing Research Results[EB/OL]. http://ec.europa.eu/newsroom/itemdetail.cfm? item_id=23912[2019-7-20].

European Commission. 2015c. Strategic Research Agenda 2015 Update[EB/OL]. http://knowled-gebase.e-irg.eu/documents/243153/245263/Strategic+Research+Agenda+2015 +Update. pdf[2019-5-5].

European Commission. 2016a. Draft European Open Science Agenda[EB/OL]. https://ec.europa. eu/research/openscience/pdf/draft_european_open_science_agenda.pdf#view =fit&pagemode=none[2019-7-20].

European Commission. 2016b. QuantERA: The New ERA-NET Supporting Quantum Technologies [EB/OL]. https://ec.europa.eu/digital-single-market/en/news/quantera-new-era-net-supporting- quantum-technologies[2019-5-5].

European Commission. 2017a. European Open Science Cloud (EOSC)[EB/OL]. http://ec.europa. eu/research/ openscience/index.cfm?pg=open-science-cloud[2019-5-5].

European Commission. 2017b. New Open-Access Platform Supports Biodiversity[EB/OL]. https://cordis.europa.eu/news/rcn/129923_en.html?WT.mc_id=RSS-Feed&WT.rss_f=news&WT. rss_a=129923&WT. rss_ev=a [2017-7-14].

European Commission. 2018a. European Commission to Adopt Implementation Roadmap for the European Open Science Cloud[EB/OL]. http://e-irg.eu/news-blog/-/blogs/european-commission-to-adopt-implementation-roadmap-for-the-european-open-science-cloud[2019-5-5].

European Commission. 2018b. Communication Artificial Intelligence for Europe[EB/OL]. https://ec.europa.eu/ digital-single-market/en/news/communication-artificial-intelligence-europe[2019-6-25].

European Commission. 2019. Ten New Centres of Excellence for HPC Applications[EB/OL]. https://ec.europa. eu/digital-single-market/en/news/ten-new-centres-excellence-hpc-applications[2019-7-10].

FCC. 2010. Connecting America：The National Broadband Plan[EB/OL]. http//download. broadband. gov/plan/ national-broadband-plan.pdf[2019-6-1].

Figshare. 2017. Figshare Is a Repository Where Users Can Make All of Their Research Outputs Available in a Citable, Shareable and Discoverable Manner[EB/OL]. https://figshare. com/about[2019-7-20].

Galtech. 2018. New Health Economics Lab and $3.3 Million in Funding Coming to Ivan Allen College of Liberal Arts[EB/OL]. https://www.news.gatech.edu/2018/08/13/new-health-economics-lab-and-33-million-funding-coming-ivan-allen-college-liberal-arts[2018-08-13].

Gasteiger J, Engel T. 2003. Chemoinformatics: A Textbook [M].Weinheim: Wiley-VCH Verlag.

GÉANT. 2019a. The GÉANT Project (GN4-2) Highlights[EB/OL]. https://www.geant. org/Networks/Pan-European_network/Documents/GEANT_Topology_Map_December_2018.pdf[2019-4-29]

GÉANT. 2019b. At the Heart of Global Research and Education Networking[EB/OL]. https://www.geant.org/Resources/Documents/1142%20Global%20Connectivity_march%202019.pdf [2019-3-1].

GEO. 2016a. GEO Strategic Plan 2016-2025: Implementing GEOSS[EB/OL]. https://www.earthobservations.org/documents/GEO_Strategic_Plan_2016_2025_Implementing_GEOSS.pdf[2019-9-16].

GEO. 2016b. GEO Strategic Plan 2016-2025 Implementing GEOSS: Reference Document [EB/OL]. http: // www.earthobservations.org/documents/GEO_Strategic_Plan_2016_ 2025_Implementing_GEOSS_ Reference_Document.pdf[2019-9-16].

Hallie G. 2015. NOAA and NASA Plan to Send a Drone Right into Tropical Storm Erika[EB/OL]. http://www.nextgov.com/emerging-tech/2015/08/noaa-use-unmanned-aircrafts-predict-weather/ 119459/[2015-8-25].

HEALTH 前沿. 2018. 人工智能可以用来在症状出现之前诊断老年痴呆症[EB/OL]. https://www. sohu.com/a/257851461_360323 [2018-10-5].

HPCwire. 2018. TACC Simulates Dangers of Low Earth Orbit to Astronauts[EB/OL]. https://www.hpcwire.com/2018/04/04/tacc-simulates-dangers-of-low-earth-orbit-to-astronauts/ [2018-4-4].

IDC. 2014. The Digital Universe of Opportunities: Rich Data and the Increasing Value of the Internet of Things[EB/OL]. https://www.emc.com/leadership/digital-universe/2014iview/index.htm[2019-7-15].

Internet2. 2019. Internet2 Community Timeline[EB/OL]. https://www.internet2.edu/about-us/internet2-community-timeline/[2019-12-30].

James T. 2017. AI, Quantum Computing Will Accelerate Materials Discovery[EB/OL].

https://www.technologyreview.com/s/603943/ai-quantum-computing-will-accelerate-materials-discovery/ [2017-3-28].

JGI. 2019. The U.S. Department of Energy Joint Genome Institute [EB/OL]. https://jgi.doe.gov [2019-4-9].

Jim C. 2015. ALCF Helps Tackle the Large Hadron Collider's Big Data Challenge[EB/OL]. https:// phys.org/news/2015-11-alcf-tackle-large-hadron-collider.html[2015-11-4].

John T. 2018. AI Trained to Spot Heart Disease Risks Using Retina Scan[EB/OL]. https://arstechnica.com/science/2018/02/ai-trained-to-spot-heart-disease-risks-using-retina-scan/ [2018-2-25].

Joint Information Systems Committee. 2014. Virtual Research Environment Programme [EB/OL].https://webarchive.nationalarchives.gov.uk/20140702163345/http://www.jisc.ac.uk/whatwedo/programmes/ vre.aspx[2019-7-15].

Jon W. 2016. Energy Department to Invest $16 Million in Computer Design of Materials[EB/OL]. http:// newscenter.lbl.gov/2016/08/16/energy-department-invest-16-million-computer-design-materials/ [2016-8-16].

LANL. 2016. Machine Learning Accelerates the Discovery of New Materials[EB/OL]. http://www.eurekalert. org/pub_releases/2016-05/danl-mla050916.php [2016-5-9].

Matt L. 2016. Small Satellites Could Improve Hurricane Forecasting. https://gcn.com/articles/2016/ 11/15/cygnss-hurricane-forecasting.aspx?s=gcntech_161116 [2016-11-15].

Max Planck Institute. 2019. Max Planck Institute for Human Cognitive and Brain Sciences. https:// www.cbs.mpg.de/institute/ [2019-4-10].

Mckinsey. 2011. Big Data: The Next Frontier for Innovation, Competition, and Productivity[EB/OL]. https://www.mckinsey.com/business-functions/mckinsey-digital/our-insights/big-data-the-next-frontier-for-innovation[2019-7-15].

MIT. 2018. Machine Learning Model Predicts C. Difficile Infection Risk[EB/OL]. https://www.csail.mit. edu/news/machine-learning-model-predicts-c-difficile-infection-risk [2018-3-26].

NAP. 2009. Ensuring the Integrity, Accessibility, and Stewardship of Research Data in the Digital Age[EB/OL]. http://www.nap.edu/html/12615/12615_EXS.pdf[2019-9-16].

Nature. 2008. Big Data[EB/OL]. https://www.nature.com/nature/volumes/455/issues/7209[2019-7-15].

NCSA. 2016. Gravitational Waves Detected 100 Years After Einstein's Prediction[EB/OL]. http://www.ncsa.illinois.edu/news/story/gravitational_waves_detected_100_ years_ after_ einsteins_ prediction [2016-2-11].

NCSA. 2018. Scientists Pioneer Use Of Deep Learning For Real-Time Gravitational Wave Discovery[EB/OL]. http://www.ncsa.illinois.edu/news/story/scientists_ pioneer_use_of_ deep_learning_ for_real_time_gravitational_wave_di [2018-1-25].

NITRD. 2009. Harnessing the Power or Digital Data for Science and Society[EB/OL]. http://www.nitrd. gov/ about/Harnessing_Power_Web.pdf[2019-9-16].

NSF. 2003. Revolutionizing Science and Engineering Through Cyberinfrastructure: Report of the National Science Foundation Blue-Ribbon Advisory Panel on Cyberinfrastructure [EB/OL]. http://www.nsf. gov/od/oci/reports/atkins.pdf[2019-4-5].

NSF. 2007a. Cyberinfrastructure Vision for 21st Century Discovery[EB/OL]. http:// www.nsf.gov/pubs/ 2007/ nsf0728/index.jsp[2019-4-5].

NSF. 2007b. Sustainable Digital Data Preservation and Access Network Partners[EB/OL]. http:// www.nsf. gov/publications/pub_summ.jsp?ods_key=nsf07601[2019-4-5].

NSF. 2015. From Massive Supercomputers Come Tiniest Transistors[EB/OL]. http:// www. nsf.gov/discoveries/ disc_summ.jsp?cntn_id=134313&WT.mc_id=USNSF_1 [2015-3-3].

NSF. 2016. NSF-supported Research at the University of Oklahoma Uses Supercomputers and Simulations to Improve Storm Forecasts[EB/OL]. http://www.nsf.gov/discoveries/ disc_summ.jsp? cntn_ id=137978&org=NSF [2016-3-22].

NSF. 2017. NSF Awards $2.8 Million Grant to Develop Advanced Ocean and Atmosphere Simulator[EB/OL].https://www.nsf.gov/news/news_summ.jsp?cntn_id=243548&WT.mc_i d=USNSF_51&WT.mc_ev=click [2017-12-8].

NSTC. 2011. Materials Genome Initiative for Global Competitiveness[EB/OL]. https:// www. mgi.gov/sites/ default/files/documents/materials_genome_initiative-final.pdf[2019-9-16].

OECD. 2001. Biological Resource Centres: Underpinning the Future of Life Sciences and Biotechnology[EB/OL]. https://www.oecd-ilibrary.org/science-and-technology/biological-resource-centres_ 9789264193550-en.pdf [2001-5-22].

OECD. 2010. Improving Health Sector Effciency-the Role of Information and Communication Technologies[EB/OL]. http://ec.europa.eu/health/eu_world/docs/oecd_ ict_en.pdf [2010-5-28].

ORNL. 2017a. FRED Database Gathers Root Traits to Advance Understanding of Below-ground Plant Ecology[EB/OL].https://www.ornl.gov/research-highlight/fred-database-gathers-root-traits-advance-understanding- belowground-plant [2017-3-8].

ORNL. 2017b. High-resolution Modeling Assesses Impact of Cities on River Ecosystems [EB/OL]. https://phys.org/news/2017-08-high-resolution-impact-cities-river-ecosystems. html [2017-8-24].

RAND Corporation. 2017. Open Science: The Citizen's Role and Contribution to Research[EB/OL]. https://www.rand.org/pubs/perspectives/PE246.html[2019-7-20].

Robert S. 2018. AI Helps Track Down Mysterious Cosmic Radio Bursts[EB/OL]. http:// news.berkeley.edu/2018/09/10/ai-helps-track-down-mysterious-cosmic-radio-bursts/[2018-9-10].

Sarah J. 2011. How to Develop a Data Management and Sharing Plan[R]. Edinburgh: Digital Curation Centre.

Stanford Medicine. 2019. Stanford Medicine. http://med.stanford.edu/ [2019-04-10].

Stanford University. 2017. Software in Development at Stanford Advances the Modeling of Astronomical Observations[EB/OL].https://news.stanford.edu/2017/12/07/software-adv-ances-modeling-astronomical-observations [2017-12-7].

The Alan Turing Institute. 2016. The Alan Turing Institute Annual Report and Accounts for the Period to 31 March 2016[EB/OL]. https://aticdn.s3-eu-west-1.amazonaws.com/2016/09/ Alan-Turing-Annual-Report. pdf[2019-9-12].

Tiziana F. 2014. Open Science Commons for the ERA [EB/OL]. http://e-irg.eu/documents/10920/ 248525/EGI.eu+Workshop+Rome+2014/c20d2dea-fbd8-4467-b0cb-ac1a2b1022ab[2019-7-20].

University of Sydney. 2015. Data Gathering Expedition Using Coordinated Groups of Underwater Robotics[EB/OL]. http://phys.org/news/2015-03-groups-underwater-robotics.html [2015-3-18].

Whitehouse. 2013. Accelerating Broadband Infrastructure Deployment Across United States [EB/OL]. http://www.whitehouse.gov/blog/2013/09/16/accelerating-broadband-infrastructure-deployment-across-united-states[2019-7-10].

Whitehouse. 2015. Community Based Broadband Report[EB/OL]. http://www.whitehouse.gov/sites/default/files/docs/community-based_broadband_report_by_executive_office_of_the_ president. pdf[2019-7-10].

Whitehouse. 2016a. Factsheet Administration Announces Advanced Wireless Research [EB/OL]. https://www. whitehouse.gov/the-press-office/2016/07/15/fact-sheet-administration-announces-advanced-wireless-research[2019-7-10].

Whitehouse. 2016b. Quantum Info Sci Report. https://www.whitehouse.gov/sites/ whitehouse.gov/files/images/Quantum_Info_Sci_Report_2016_07_22%20final.pdf[2019-7-10][EB/OL].

Whitehouse. 2016c. Preparing for the Future of AI[EB/OL]. https://www.whitehouse.gov/sites/default/files/ whitehouse_files/microsites/ostp/NSTC/preparing_for_the_future_of_ai.pdf[2019-7-10].

Whitehouse. 2016d. National AI RD Strategic Plan. https://www.whitehouse.gov/sites/default/files/whitehouse_files/microsites/ostp/NSTC/national_ai_rd_strategic_plan.pdf [2019-7-10].

Whitehouse. 2018. https://www.whitehouse.gov/wp-content/uploads/2018/09/National-Strategic-Overview-for-Quantum-Information-Science.pdf[2019-7-10].

Whitehouse. 2019a. President Donald Trump Taking Action Ensure America Wins Race 5g[EB/OL]. https://www.whitehouse.gov/briefings-statements/president-donald-j-trump-taking-action-ensure-america-wins-race-5g/[2019-7-10].

Whitehouse. 2019b. Executive Order Maintaining American Leadership Artificial Intelligence[EB/OL]. https://www.whitehouse.gov/presidential-actions/executive-order-maintaining-american-leadership-artificial-intelligence/[2019-7-10].

Whitehouse. 2019c. National AI Research and Development Strategic Plan 2019 Update June 2019[EB/OL]. https://www.whitehouse.gov/wp-content/uploads/2019/06/National-AI-Research-and-Development-Strategic-Plan-2019-Update-June-2019.pdf?tdsourcetag=s_pcqq_aiomsg[2019-7-10].

Will K. 2018. A Robot Scientist Will Dream up New Materials to Advance Computing and Fight Pollution[EB/OL]. https://www.technologyreview.com/s/612388/a-robot-scientist-will-dream-up-new-materials-to-advance-computing-and-fight-pollution/ [2018-11-7].

WIRED. 2018. Using AI to Help Stroke Victims When Time Is Brain[EB/OL]. https://www.wired. com/story/using-ai-to-help-stroke-victims-when-time-is-brain/ [2018-2-28].
Yan Q, Yu J, Santosh K. et al. 2017. Solar fuels photoanode materials discovery by integrating high-throughput theory and experiment[J]. PNAS, 114(12):3040-3043.
Zhou J, Theesfeld C L, Yao K. et al. 2018. Deep learning sequence-based ab initio prediction of variant effects on expression and disease risk[J]. Nat Genet, 50:1171-1179.